世界数学遺産ミステリー4

メルヘン街道数学ミステリー

帯と壺と橋とトポロジー

仲田紀夫著

黎明書房

はじめに

〝**数学**〟の語を目にし、耳にしたとき、人々はどのようなインスピレーション（連想、直感）やイメージ（印象）をもつであろうか？

数学をこよなく愛する数学者、三《み》須《す》照利《てるとし》教授――通称**ミステリー教授**――は、こんな疑問をもって、新学期開始後間もないある日、受講生八十余人に右のことについて調査した。

その結果は次ページの表のようなもので、彼が期待した言葉〝メルヘン〟が一つもなかったことに彼は大きな失望をもち、次回の講義で結果報告をするとき、

「数学は、メルヘンに満ちた学問なんだょ。」

と、学生たちが数学に対して古い固定観念しかもち合わせていない――いや、そうした教育しかされていなかった――ことへの不満を込めながら述べた。すると、

「国語、文学ならメルヘンの語は浮かびますが、数字と記号の集まりのどこが、メルヘンなんですか？」

友人間にひょうきんで人気のある学生が、こう質問して皆を笑わせた。

「国語と数学とは、そんなに違うかねェー。」

学生が，〝数学〟にもつインスピレーション

（埼玉大学　教育学科生他88名，複数回答）

〔心理面〕		〔内容面〕	
○難しい	42名	○数字	20名
○苦手，嫌い	13	○計算	17
○めんどう，いや，つまらない	11	○公式・法則	15
○ヒラメキ，センス	10	○機械的・形式的	9
○神秘，ナゾ，ふしぎ	8	○算数とは異なる	7
○固い	6	○理系	6
○ウゲゲ！	4	○論理的思考	6
○スカッ！	3	○コンピュータ	5
○奥深い	3	○明解・正確	4
○頭のよさ必要	3	○パズル	4
○日常役立たず	3	○記号	4
○エジプト	3	○微分・積分	4
○色なら青（水）色	3	○方程式・証明	3

外国人の〝数学〟インスピレーション

（「英会話教室」の英語教師　5名）

予想外の三須照利教授の言葉に、教室中が一瞬静かになった。
このあと、教授と学生たちとの問答が続くので、しばらくその討論を聞いてみよう。

学生「先生！　でも国語、数学は、対立する文系、理系のそれぞれ代表でしょう。」

教授「そういえば、確かに〝対極の学問〟だね。一般的ないい方をすれば、

　文学は、情緒、感性、主観という学問
　数学は、論理、理性、客観という学問

というわけだから、まさに対照的なものといえる。このことは本質的には変っていない。
しかし、昨今の数学は、文学からのラブコールで、文学内部の難問解決に力を貸している。」

学生「文学内部の難問とは何ですか？」

教授「たとえば、シェークスピアや紫式部、日蓮などの著名人の作品で、ある作品が真作か偽作か、という難問解決に、数学がコンピュータを駆使して彼等の〝文紋〟から、その真偽の判定をする、といった進出ぶりだ。」（拙著『イギリス・フランス数学ミステリー』参照）。

学生「融通のきかないコチコチ頭の数学が、最近、柔軟になった、ということですか？」

教授「一五世紀の西欧でのルネサンス（文芸復興）以降、躍動する自由闊達《かったつ》の社会で、数学界も社会科学——確率、統計など——の領域に手をつけ、一八世紀になると、『トポロジー』というグニャグニャ数学を誕生させている。
君たちの大部分は、一五世紀以前の数学観のもち主ということになる。困ったネ。」

学生「先生の考えられることが大分わかってきました。そのグニャグニャ数学がメルヘンですか?」

教授「いずれゆっくり講義で取りあげるが、一八世紀ドイツの小さな町で、川にかけられた七つの橋をただ一度ずつですべてを渡れるかどうか、の問題が、後に〝一筆描きパズル〟となり、やがて高級な『トポロジー』(位相幾何学《いそうきかがく》)という数学誕生へと発展する。

このトポロジーが、現実と空想の世界が混じり合った美と未知と不思議の、いわゆる〝メルヘン数学〟である、ということさ。このメルヘン数学は、童話や詩(ポエム)の心と通じ、また、人々を架空、夢想の世界に招く手品(マジック)とも深くかかわっているといえる。」

＊　＊　＊　＊　＊

さて、本書ではドイツとロシアの二国の地を話題の核としているが、その理由はこの二国が共にメルヘン数学とかかわっていることと、一八世紀の発展期が類似している点などからである。

	一七世紀以前	一八世紀の国王	二大国王以降の政治の共通点
ドイツ	三十年戦争後の国勢のいちじるしい低下	フリードリヒ・ウィルヘルム1世(一六八八〜一七四〇)	○啓蒙専制君主 ○内政改革 ○文化奨励 ○西欧化政策 ○後進国からの脱皮 ○領土的野心
ロシア	モンゴル人の長い支配下、統一後の混乱	ピョートル大帝(一六八九〜一七二五)	

〝メルヘン数学〟が誕生した町が、
ドイツ(旧プロシア)の古都「ケーニヒスベルク」、後に、旧ソ連支配下名、「カリーニングラード」であり、ここに両国共通点を発見するのである。

一五世紀以降の西欧における大航海時代は、参加順に

第一期　イタリア
第二期　スペイン、ポルトガル
第三期　イギリス、オランダ
第四期　フランス、ドイツ、(ロシア)

で、ドイツ、ロシアは近代化の後進国であったが、やがて超大国へと発展していくのである。

こうした国で繁栄の推進力、エネルギーである**数学の発展**は、どのようなものかも、数学メルヘン街道の旅を通してのぞいてみることにしよう。

著　者

↑
ドイツを代表する美しい木組みの家並み
（商業の町ハーナウの“秤をもつ乙女像”）

秘話★裏話

〝裏の世界〟にメルヘンあり！

昔から、粋《いき》な人間は着物、洋服などで、裏地に金をかける、という。

〝裏の世界〟は、表と同じ広さがあるのに、かくれている部分だけに、秘密がありメルヘンがある。

わが国では、家庭の妻の働きは「内助の功」、歌舞伎の裏方の一つに「黒子」、武士階級に「影武者」などというものがあって、これらはある意味でその重要さから尊敬の念が込められている。

〝裏〟であることは、決してうらぶれた存在ではない。

人間社会の中で、〝裏〟がいかに重要な意味をもっているかについては、多くを語る必要がなく、日々の新聞記事やＴＶでの使用語を拾い出すと、九ページのように限りなくたくさんあることがわかる。裏は、表の数だけあるのである。

興味深いことは、メルヘンの世界を代表する童話に登場する主要人物が、表と裏の姿――たとえば、「白鳥、実は王子」や「美女、実は魔女」など――をもっている物語が多いことである。

〝メルヘン〟とは、その要素の一つに表と裏の世界があること、ということもできよう。

〔**参考**〕シャレタ着物、洋服では、〝裏返し〟も正規の服となっているものがある。これは「リバーシブル」とよぶが、まさに**裏表のない衣服**といえよう（**裏表のない人間**という言葉もある）。

数学の中の〝裏の世界〟メルヘンとは何であろうか。
「そもそも数学とは……。」
と改まらなくても、数も図形も正確には実在しないので、数学そのものが、ミステリーというか、メルヘンというか、そうした学問である。その中でも、
虚数(イマジナリー・ナンバー)や非ユークリッド幾何学、
集合論、トポロジーなど
ドイツのメルヘン街道の都のゲッティンゲン大学で誕生した数学(後述)の多くは、〝メルヘン数学〟とよんでよいであろう。

中国の見事な両面刺しゅう。裏表のない絵！

数学５つの領域

1 日常・社会の実用 ―― 生活の必須と情報 (有用性) 本シリーズ No.1
2 知的探求と創造 ―― 難問主義、無用の用 (訓練性) 〃 No.2
3 哲学的思考・論理 ―― 知の追求と学の構成 (学問性) 〃 No.3
4 **メルヘン・ロマンの世界** ― 童話と詩、マジック、遊芸 (娯楽性) 〃 No.4 (本書)
5 神秘美と芸術 ―― 数や図の神秘思想 (教養性) 〃 No.5

世の中には〝裏〟の話があふれている。

裏方，裏表，裏面鏡，裏屋根，裏年(偶数年)，裏舞台，裏小路，裏読み術，裏手，裏町，裏声，裏目，裏地，裏金，裏切り，裏打ち，裏技，裏側，裏社会，裏腹，裏書，裏口，裏返し，裏話，裏芸，裏工作，裏の裏，裏千家，裏焼き，裏張り，裏ごし，裏作（順不同32語）

何回も口裏合わせ

改造人事、こんな舞台裏

裏付けと背景分析を入念に

裏を返せば

「不況で生産調整」

「裏庭の農民」国家 フランス

表と裏のすべてがわかる
クイズ番組の徹底研究

3年間に裏金70億円

クリントン大統領
裏表なく率直に

裏取引許さぬ熱気

裏帳簿廃棄

消費統計のウラを読もう

裏金の温床「使途不明金」

三国志裏読み人間学

「裏世界」の内紛で発覚

「交通取り締まり」をなんなく切り抜ける裏技

面白さの裏に社会への鋭い視線

「裏」知る黒衣、衆院喚問へ

華麗な闘牛の世界
その裏には死が

「裏・表のない絵」
〝アンデルセン通り〟の空中つり看板

『眠れる森の美女』のザバブルク城
（ゲッティンゲン郊外）

目次

第2章 瞑想《めいそう》都市ケーニヒスベルクの町の遊び —— 49

第4章 〝白鳥の湖〟とロシアの数学 117

解説・解答（※世界数学遺産ミステリー③『中国四千年数学ミステリー』の〝遺題〟の解答もふくむ）
本書の〝遺題継承〟

本文イラスト…筧　都夫

第1章 メルヘン街道のメルヘン数学

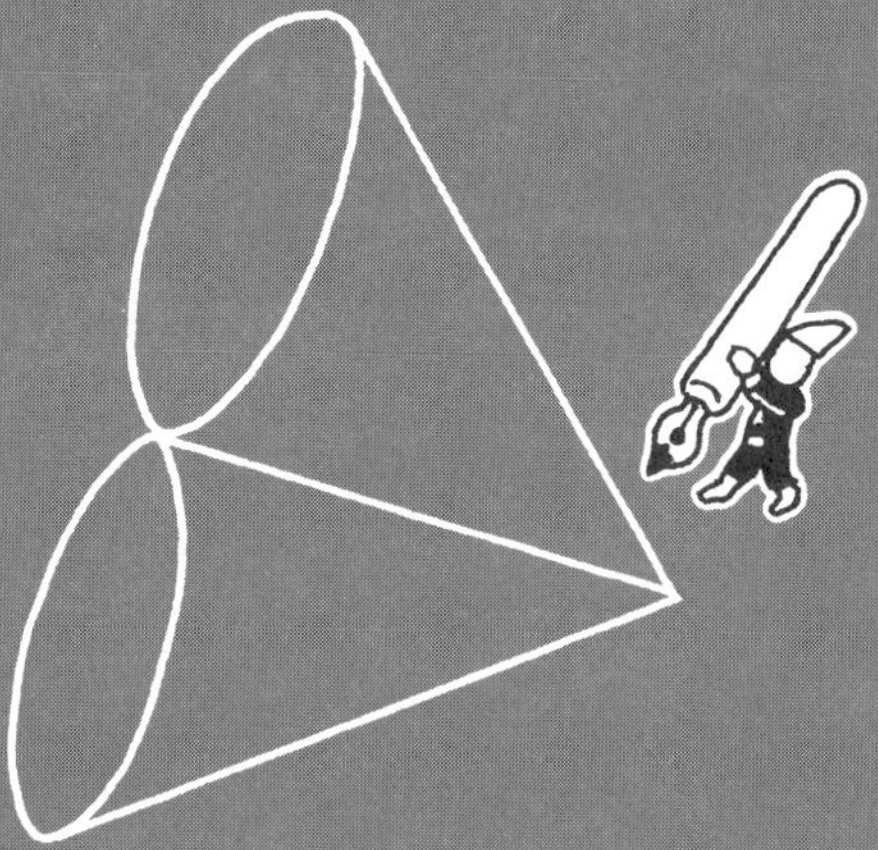

生地（ハーナウ）の市庁舎前の広場のグリム兄弟銅像
← 立っているのが兄（大きさの比較で三須照利教授も立つ）

→
伝統ある優美な木組の家
（ハーナウ）

一、グリム兄弟は数学者?

童話と数学の接点

数学ルーツ探訪旅行を続けて十余年。三須照利教授は五千年の歴史をもつ〝数学〟が、民族性や国家さらに社会背景、時代によって、いろいろな数学内容を誕生させ、創設してきたことを発見してきた。

古くは、メソポタミアの六十進法、エジプトの測量術、ギリシアの論証学、インドの筆算法、マヤの暦法、中国の算経……。

近くは、イタリアの確率、イギリスの統計・推計、フランスの近代幾何学、……。

それぞれ、その背景にこれらを生み出す素質や要因、地盤があった。

では、近代に大活躍をしたドイツはどのような数学を創案、発展させたであろうか?

ナポレオンの言葉を借りるまでもなく、「繁栄した国家は優れた数学の建設がある」のであるから、ドイツもその例外ではないであろう。

三須照利教授は、こうした考えでドイツ数学者とその研究業績を調べているうち、他の民族・国家にはみられないものがあるのに気付いた。

近代ドイツからは二、三十人もの一流数学者を輩出しているが、研究内容はテンデンバラバラで、数学のある領域に集中しているとか、次々継承される、ということがほとんどない。それどころか、内部対立——その代表は『集合論』——さえあるのである。

しかし……、と彼は考え、何か傾向をとらえようとしてまず「ドイツ近代史」をまとめてみた。

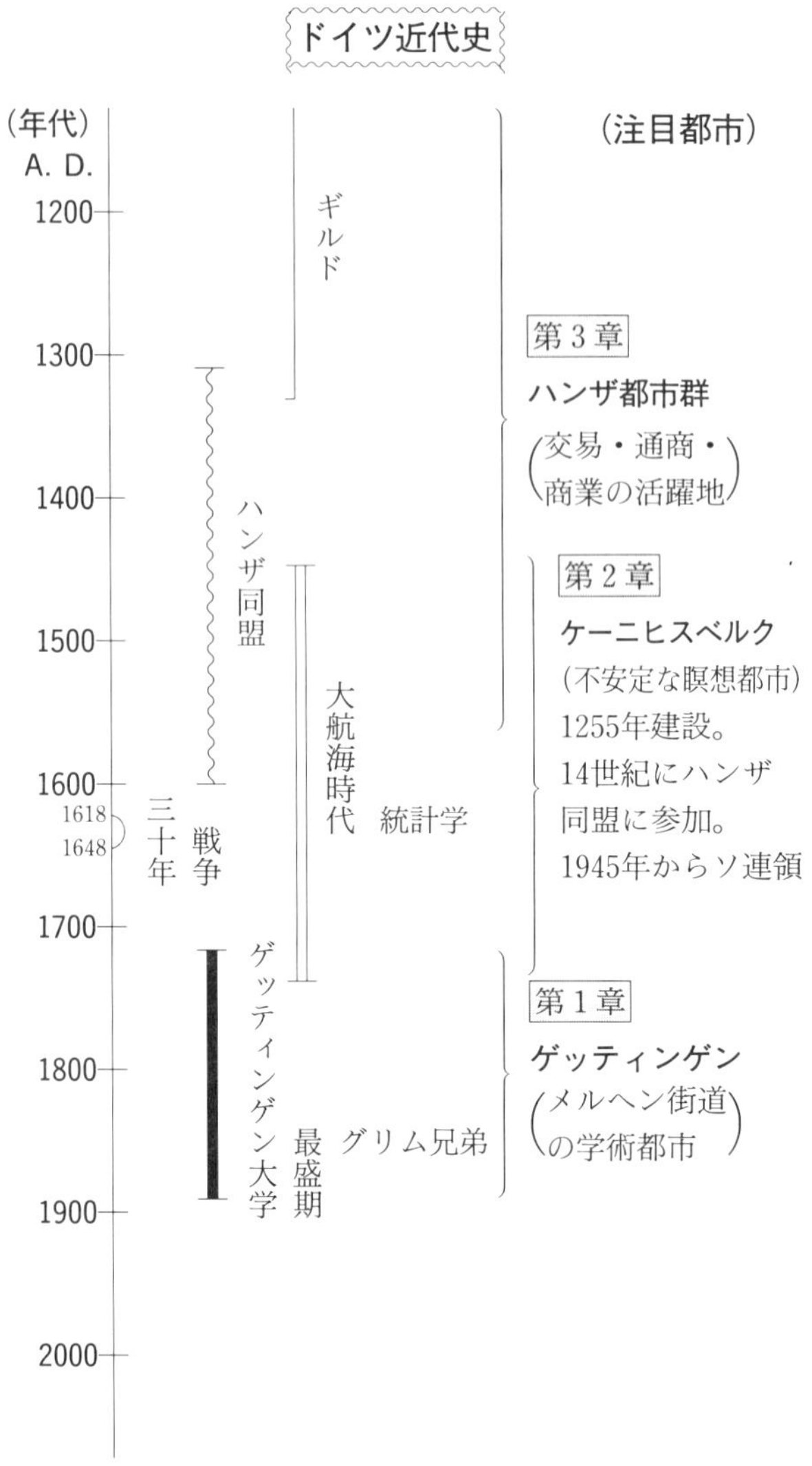

(注) 本書では上の近代史を下から順に遡っていくことにしている。

今日、日本で〝メルヘン（Märchen）街道〟とよんでいる観光地の、ほぼ中央の小さな都市ゲッティンゲンにある、『ゲッティンゲン大学』から、ドイツ一流数学者の半数近くを、教授や卒業生として出している（後述）。

しかも、三須照利教授が関心をもった有名な童話作家グリム兄弟も、この大学で教鞭をとっていた。

近代ドイツの数学は、このグリム的メルヘンの雰囲気の中で次々と誕生したものであり、その内容の多くが、見方によればメルヘンなのである。

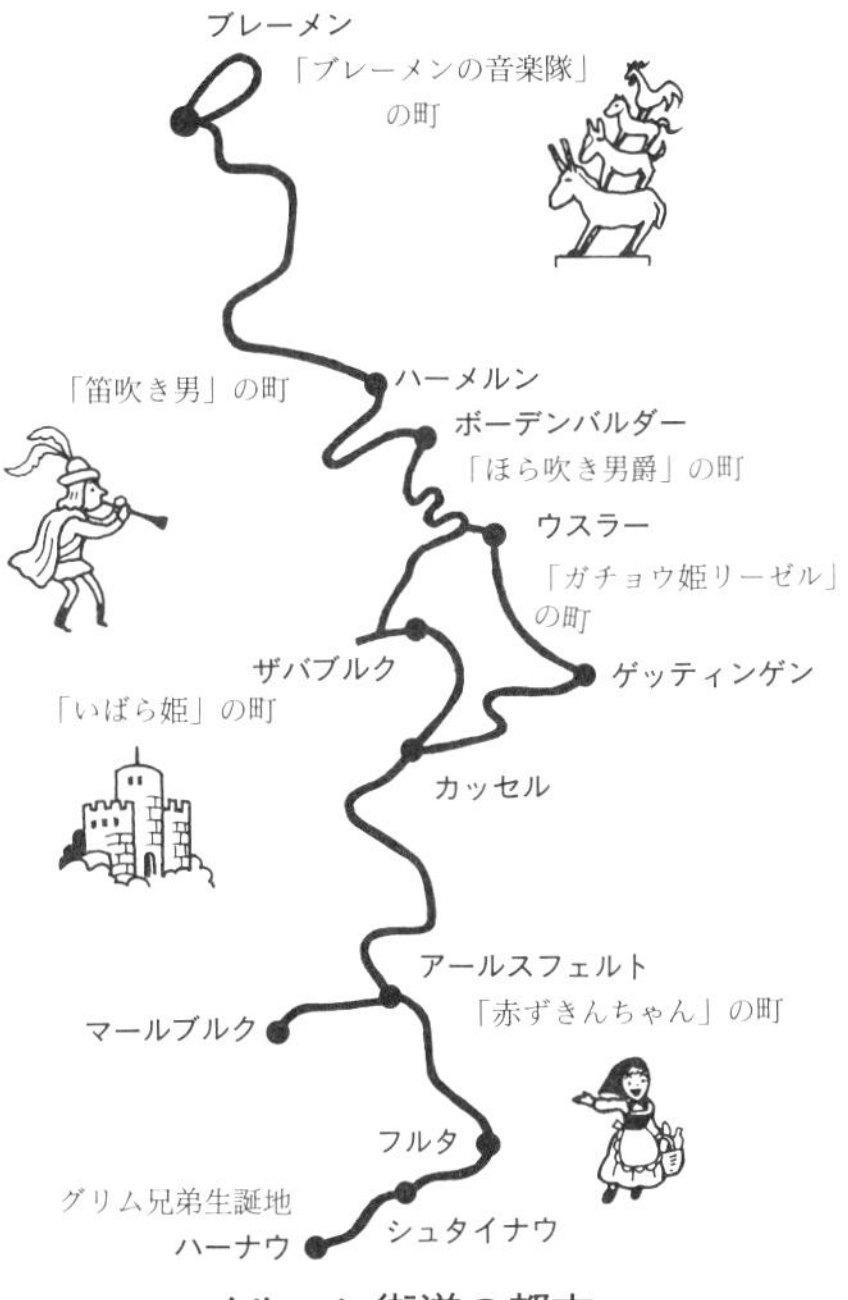

メルヘン街道の都市

メルヘン数学!!

三須照利教授は、ドイツ数学の特徴、傾向に対して、こういう名称を与えて微笑《ほほえ》んだ。

それにしても童話作家と数学とを結びつけるのは強引ではないか、と疑う人もいよう。

彼はまず、グリムとほぼ同時代のドイツ代表の数学者ガウスを例にあげるのである。

ガウスはゲッティンゲン大学に入学後も、「文学（言語学）か、数学か」に迷い、一八歳のとき、数学上の大発見（これも後述）によって数学の道を選んだが、文学の才能もあった、という。

メルヘン（Märchen）とは

○伝説的，幻想的な童話やおとぎ話で，神話とも密接な関係がある。小規模な説話。

○魔法などの不思議な因果関係に支配されているところが特徴である。

○近代ではロマン主義文学者によって創作された。

グリム兄弟が、ガウスと同じように「文学（言語学）か、数学か」の選択に迷った、という記録はないが、〝言語学〟――文法、辞典、語史など――を専攻していることは「数学のセンス」をもち合わせていたと想像することができる。

兄弟の人生は左のようで、メルヘン街道の数都市を移り住んでいたのである。

グリム兄弟

兄　ヤコブ　（1785～1863）
弟　ウィルヘルム（1786～1859）

2人とも

法律学者，言語学者，民族学者

共著にドイツ語辞典

〔**人生**〕〔**都市，大学**〕

生　　地　ハーナウ

少年時代　シュタイナウ

大学時代　マールブルク

教授時代　ゲッティンゲン大学（8年間）／ベルリン大学

童話・民話収集　カッセル 他

後 半 生　ベルリン

（注）前ページ地図参考

三須照利教授は、一九世紀ドイツの一級数学者ワイヤストラス（関数学、言語学）の言葉、

「詩人の心（資質）をもたない数学者は、完璧な数学者ではない。」

を思い出しながら、その逆は必ずしも真ではないとしても、西欧の童話作家に詩人が多いことを探し出している。

一七世紀フランスのペローは詩人
『眠れる森の美女』『赤ずきん』『青ひげ』など
一八世紀ドイツのグリム兄弟は言語・文法学者
『狼と七匹の子やぎ』『白雪姫』『シンデレラ』など
一九世紀デンマークのアンデルセンは詩人
『人魚姫』『マッチ売りの少女』など
一九世紀イギリスのルイス・キャロルは数学者
『不思議の国のアリス』など
一九世紀イギリスのスチーブンソンは詩人
『子供のうた園』『ジキル博士とハイド氏』など

グリム博物館 ➔

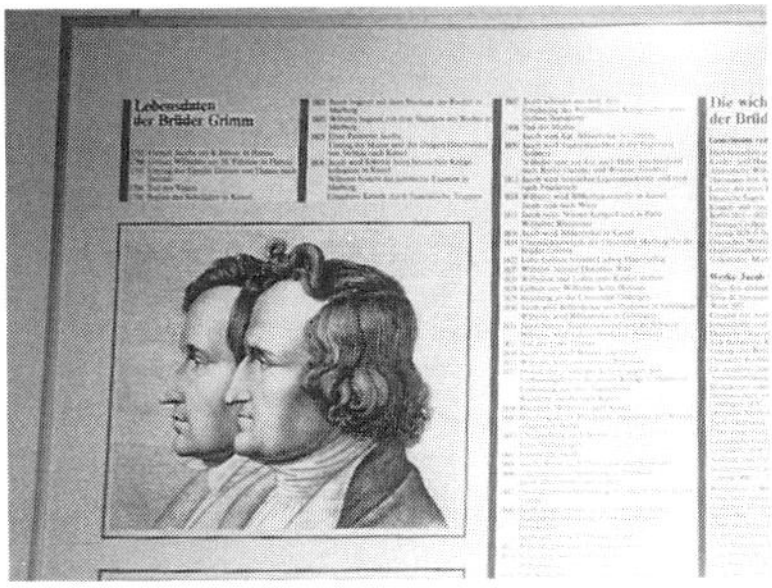

↑ 博物館内にある兄弟の肖像画

少年時代の家（シュタイナウ）

生地ハーナウの記念石

大学時代を過したマールブルク大学（宗教の町としても有名）

教授として活躍したゲッティンゲン大学内の一校舎

右の写真の入口門柱にある
兄弟のレリーフ

グリム兄弟の生涯と作品

『ブレーメンの音楽隊』の４匹（ブレーメン）

『ガチョウ番の娘』→
（リーゼル姫）↓

（ウスラー）

『ハーメルンの笛吹き男』↑
（ハーメルン）↓

↓『赤ずきんちゃん博物館』（アールスフェルト）

二三ページからわかるように、世界的な童話作家は、詩人、言語・文法学者、数学者ということになる。

ここで詩人や言語・文法学者と数学者に、どこに共通点や関連があるのか、を考えてみよう。

〝詩〟広くは俳句、和歌というものは、「できるだけムダを捨て、エキスだけ。つまりできるだけ純化する」こと、に数学と共通点があるのである。また、**〝言語・文法学〟**は、この対象が言葉であるのに対し、数学が数と図を対象にし、論理の研究構造は全く同じ、ということができよう。つまり、ガウスの「文学（言語学）か、数学か」ということは「言葉か数図か」と同じであるといえる。

この意味からいえばグリム兄弟も、よい数学教師に出会うか、よい研究発見をしたりしていたら、数学者になっていたかも知れない、という推測も正しいであろう。

童話作りのもう一つの条件は、生活環境で、

○グリム兄弟は、メルヘン街道の諸都市

○ルイス・キャロルは、静かな学園都市オックスフォード

○アンデルセンは、デンマークの庭といわれるフェン島のオーデンセ

などの地で創作活動をしたのである。

ルイス・キャロル　本名C.L.ドジスンはオックスフォード大学〝数学教授〟
（上は，勤務したクライスト・チャーチ校）

秘話★裏話

アンデルセンの童話創作

アンデルセンは、デンマークの貧しい靴屋の子として生れ、しかも父が早くなくなったため救貧院附属学校で学んだが、後援者のお陰で、コペンハーゲン大学へ進み文学を学ぶ。三〇回の海外旅行をもとに紀行文を書き、三〇歳から童話作家として活躍した。

幼い頃、本好きの父から聞いた『千夜一夜物語』も影響したといい、貧しいもの、弱いものに共感した作品が多い。『みにくいアヒルの子』『親指姫』『裸の王様』『赤い靴』など約一五〇編もあり、世界各国語に訳され読まれた詩人、文学者でもある。

生涯独身（グリムの兄も）で過し、七〇歳で永眠した。

（注）数学者、三須照利教授も童話好きで、人形劇を作って子どもたちをよろこばせている。

子どもは童話が大好き！（教授の人形劇をみる子どもたち）

アンデルセンは、童話作家としては、二つの点で異質な存在であった。

一つは、民話、伝承話などをもとにした作品ではなく、貧困、失恋、不遇などの劣等感をもち、苦悩の放浪生活をした後、栄光の坐を得る、といった自分の体験をもとに創作した作品集であること。

二つは、人々が彼の銅像を立てる際周囲に子どもを配したところ、「私は子どものために童話を作ったのではない」といって、子どもを入れることをことわったということである。

アンデルセン記念館内の展示物←↓

市庁舎前の坐像

公園内の立像

🡅『みにくいあひるの子』
バス停の壁の絵

🡅母が「洗濯婦」として働いていた川

アンデルセンの家
🡇への案内

🡅アンデルセンの通った学校と記念館

🡇『人魚姫』の美しい像

二、〃言語〃感覚と〃数勘〃センス

右脳と左脳の機能と計算

文学の中の数学

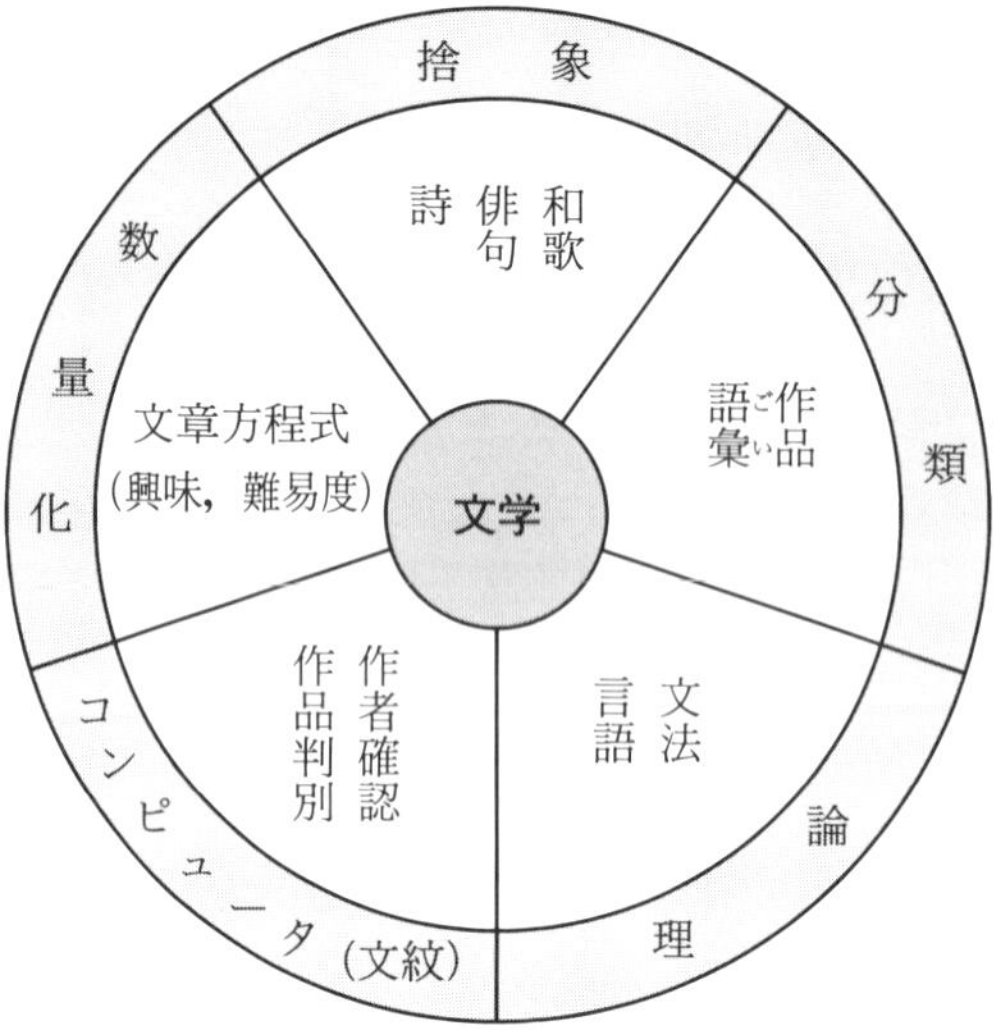

〃文学と数学とは学問の両極〃

と大昔からいわれてきた。

しかし、数学の進歩発展によって、文学のいくつかの領域への協力や問題解決に、数学が有用、有効になってきている。

三須照利教授は、このことにも大きな興味と関心をもち、上のようにそれを整理したりしてきた。

それだけに童話、言語学について〃数学の目〃でみることをしてきたのである。

とはいえ、純文学という範疇《はんちゅう》のものは、やはり数学の対極であるから、これは除いて考える

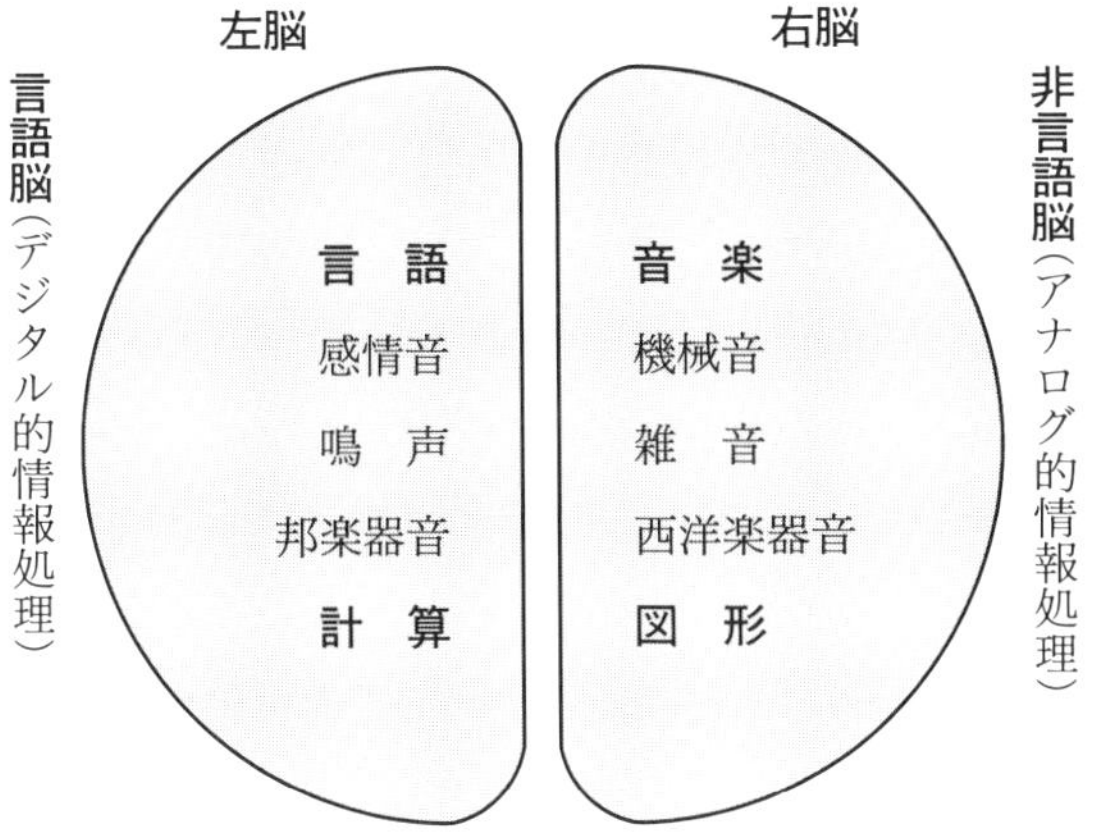

『右脳と左脳』(角田忠信著，小学館，1992年)を参考にして作成。

べきであろう。

純文学と純粋数学とでは上の右図ように、対照的なものなのである。

ここで少し、両者のファジィで応用的な面まで広げ、〝言語〟感覚と〝数勘〟センスとを考えてみよう。

人間（例は日本人）の右脳と左脳の機能の差は上のようであるという。

左脳はナント!! 言語と計算という情報処理をしていることで、この両者は同質だということができるであろう。

三須照利教授のグリム兄弟の感覚に対する推測は正しかった、といえそうである。

(注)左脳は注意力や論理能力、右脳は感覚力（ヒラメキ、構想力）があるといわれている。

(注)日本人のみ、邦楽器音を「言葉」としてとらえているところが、単なる「楽器音」ととらえる西洋人と異なる。

三、世界三大数学者の一人ガウス

「文学か数学か」の迷い

メルヘン街道のほぼ中央に位置する学術都市にあるゲッティンゲン大学は、一八、一九世紀に多数の偉大な数学者を輩出したが、その代表者は「アルキメデス、ニュートンと並ぶ有史以来最高の数学者」といわれたガウス（一七七七～一八五五）である。

ここで、この優れた数学者の成育と業績について簡単に紹介することにしよう。

○誕　生　両親の家系に特別な才能のあるものがいないため「ガウスの才能は、宇宙空間から飛来した放射物質による遺伝子の突然変異によって生み出された」と後世いわれた。

○三　歳　石材工場で職工長として働く父が、職人に週給を支払うとき、ガウスが父の計算の間違いを指摘したことから、〝神童〟といわれた。

○一〇歳　算数の時間に出された「一から一〇〇までの数の合計を求めよ」の計算を、素早くやって先生を驚かした（次ページ参考）。

○一一歳　ブラウンシュヴァイクにある『カタリーナ・ギムナジウム』に入学するが、間もなく数学教師は「このような優れた才能をもつ生徒は、私の授業に続けて出席する必要はない」と語ったという。

○一四歳　領主フェルディナント公がパトロンとなり、経済的援助をすることになる。

○一五歳　素数分布についての研究をする。

ガウスの連算法

$$
\begin{array}{rrrrrrrr}
 & 1+ & 2+ & 3+\cdots\cdots+ & 98+ & 99+ & 100 \\
+) & 100+ & 99+ & 98+\cdots\cdots+ & 3+ & 2+ & 1 \\
\hline
 & 101+ & 101+ & 101+\cdots\cdots+ & 101+ & 101+ & 101
\end{array}
$$

これより

$(101\times100)\div2=5050$

答　5050

（注）　上の計算は暗算ですることができる。

名　言

「数学は科学の女王であり，
　整数は数学の女王である。」

ガウスとヴェーバーの像
（ゲッティンゲン）

ガウスが台長になった天文台跡
（ゲッティンゲン）

○一八歳　ゲッティンゲン大学に進学する。ここで「文学（言語学）か、数学か」に迷うが、半年後〝正一七角形の作図〟という大発見をし、数学の才能があることの自覚から数学を専門に学ぶことになる（彼の『数学日記』の一行目――一七九六年三月三〇日）。

○二〇歳　その後五十年間も友人として交際した人、ハンガリー貴族のボヤイ（一七七五～一八五六）とこの大学で知り合う。数学上のアイディアの交換というより、強い友情関係で結び合っていた。

この年齢以降、研究活動が盛んで、多くの業績を残した。代表的なものは『整数論考究』（特に合同式）、『天体運動論』（特に円錐曲線）、『確率論』、『測地学』、『曲面論』、『非ユークリッド幾何学』（アイディアのみ）、『関数論』などで、約一五〇の論文、著書があり、その研究領域は数学の他、測量、天文、物理、電磁気などと、たいへん広いものであった。

○三〇歳　ゲッティンゲン大学の天文学教授、兼同天文台初代台長になる。以後死ぬまでゲッティンゲンに住む（～七八歳）。

三須照利教授は、ガウスが「数学史上に残る数学者である」という視点とは別に、〝メルヘン数学〟の初期の数学者である、と位置付けている。それは『ガウス平面』と『合同式』で、三須照利教授は次のように説明するのである。

メルヘン数学の例(1)

『imaginary number』の実在化

(1)　虚数の発見

古く8世紀に，二次方程式

$x^2+1=0$ などの解で存在を知る。

(2)　数として認める

16世紀に三次方程式の解から虚数（i，$\sqrt{-1}$）を数として使う。

(3)　複素平面上で示す。

18世紀ガウスが下のような複素平面（ガウス平面）を創案し，実在化する。

（例）　$2i, -i+3$

$3i-2$

ガウス平面

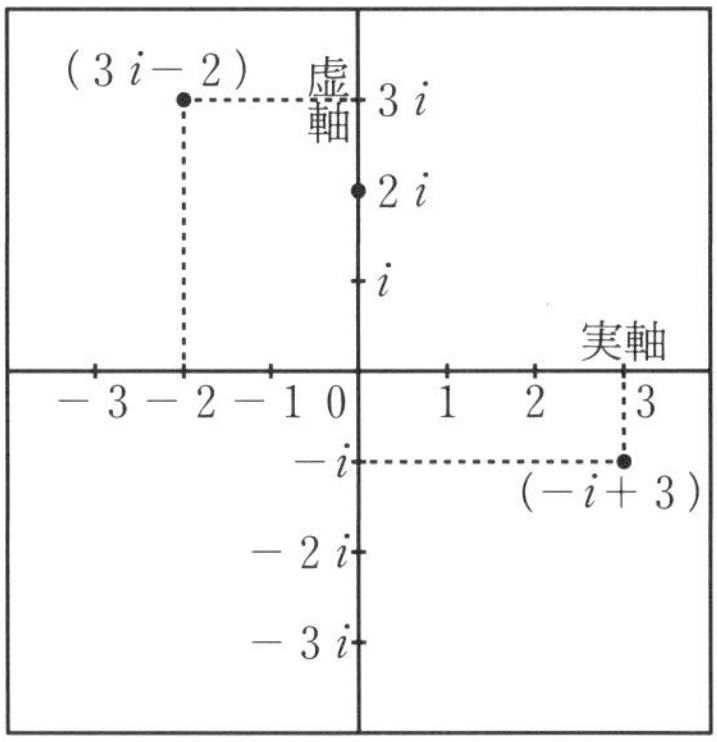

下のガウス平面によって，次の考えから，正十七角形が理論的に作図可能であることを証明した。

三次方程式 $x^3-1=0$ と3つの解

正三角形

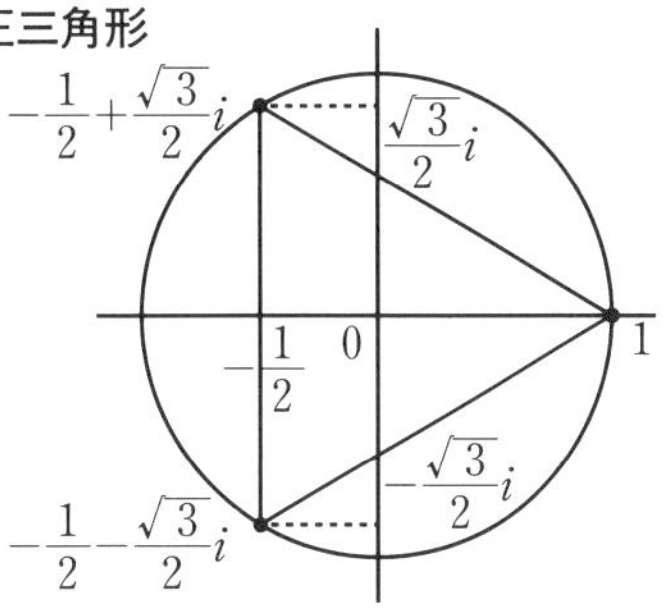

四次方程式 $x^4-1=0$

の4つの解

正四角形

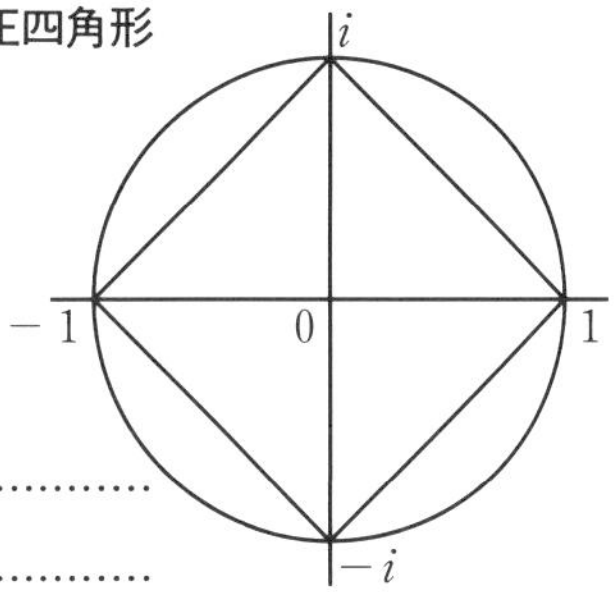

…………

…………

十七次方程式　$x^{17}-1=0$

の17個の解

これらの点を，順に結ぶと**正十七角形**が作図できる。

無限を有限で考える『合同式』

曜日は，7（1週間）を周期として，くり返している。

右のカレンダーを例にとると4，11，18，25は7で割った余りがみな4である。

これを合同式では

$4 \equiv 11 \equiv 18 \equiv 25 \pmod{7}$

で表す。一般に，

「2つの整数a，bの差が整数mで割りきれるとき，

〝aとbはmを法として合同〟

である，といい，

$a \equiv b \pmod{m}$

とかく」

この発想は，整数についてのいろいろな性質の解明に利用できる。

次を考えてみよ。

(1)　3^{20}の末位の数字

(2)　9や11の倍数のみつけ方

(3)　方程式の解

$2x - 3 \equiv 0 \pmod{7}$

$x^2 \equiv 23 \pmod{13}$

（答は巻末）

ある月のカレンダー

日	月	火	水	木	金	土
				1	2	3
4	5	6	7	8	9	10
11	12	13	14	15	16	17
18	19	20	21	22	23	24
25	26	27	28	29	30	31
↓	↓	↓	↓	↓	↓	↓
4	5	6	0	1	2	3

余りが等しいものの集合

（剰余群という）

（例）{4　11　18　25}は4の剰余群

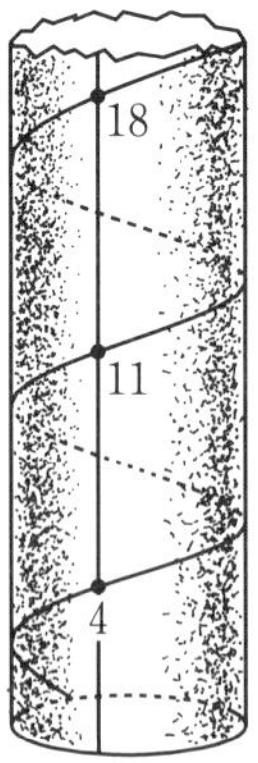

日曜

ドイツ旧「10マルク紙幣」のガウス

ガウスの写真と共に，数学上，天文学上の研究がのっているのが，いかにも数学の国ドイツらしい。

↑ ガウス分布グラフ　　↑ ガウス

↑ 天文観測器　　↑ 三角測量の図

← ガウスの家

四、ゲッティンゲン大学の数学者たち

数学者輩出の背景

ガウスは、次のような〝メルヘン数学〟（三須照利教授命名）を創案した。

○イマジナリー・ナンバー、つまり「想像的数」——日本では虚数とよぶ$x^2=-1$の解——に挑み、それを座標平面上に実在化させた上、さらにイメージをふくらませる研究をした。その結果、「正一七角形の作図」という、ふつうでは考えられない発想で、問題の解決をしたのである。

○剰余群というアイディアで、無限であってとらえられない整数を、有限の世界に閉じ込めて、その性質を研究すると共に、『合同式』という発想で、有限の解しかもたない方程式に無限の解をもたせる、という無限—有限を自由に操る方式を考案した。

〔**参考**〕方程式 $x-1\equiv 2 \pmod 3$（$x-1$を3で割った余りがみな2である数x）の整数解は、

　3、6、9、12、15、……と無限にある。

さて、と三須照利教授はのり出して、独自の持論を展開し始めた。

ガウスのそのユニークでメルヘン的な発想は、彼が長く学究生活を続けた、ゲッティンゲン大学と深くかかわりがある、という。その裏付けとして、この大学から出た、実に多くの教授、卒業生の数学業績に〝メルヘン数学〟が多く出ていることを指摘するのである。

ここで、**ゲッティンゲン大学**とはどのような大学であるか、紹介することにしよう。

ゲッティンゲンは、旧西ドイツ北東部、ニーダーザクセン州のライン川に沿う都市で、一八世紀は、大学を中心とする学術都市となり、一九世紀末には数学物理学研究の世界的中心にまで発展した。

ここは、イギリス王でハノーバー領主のジョージ2世が一七三七年に創立したもので、創設者の名をとって『ゲオルグ・アウグスト』とよばれていた。

三須照利教授は、この偉大な数学者を多数輩出した大学を、自分の目でみようとしてメルヘン街道を旅したのである。

〔**参考**〕ゲッティンゲン大学内は、広いキャンパス内に多くの案内板（次ページ）がある。

ゲッティンゲン大学の名は、この地名からきているが、正式には創立者の名からとったゲオルグ・アウグスト大学で、

多数の優れた数学者を輩出したゲッティンゲン大学
（左は新校舎）（右は駅前で，大学の入口にある大講堂）

ゲッティンゲン都市案内略図

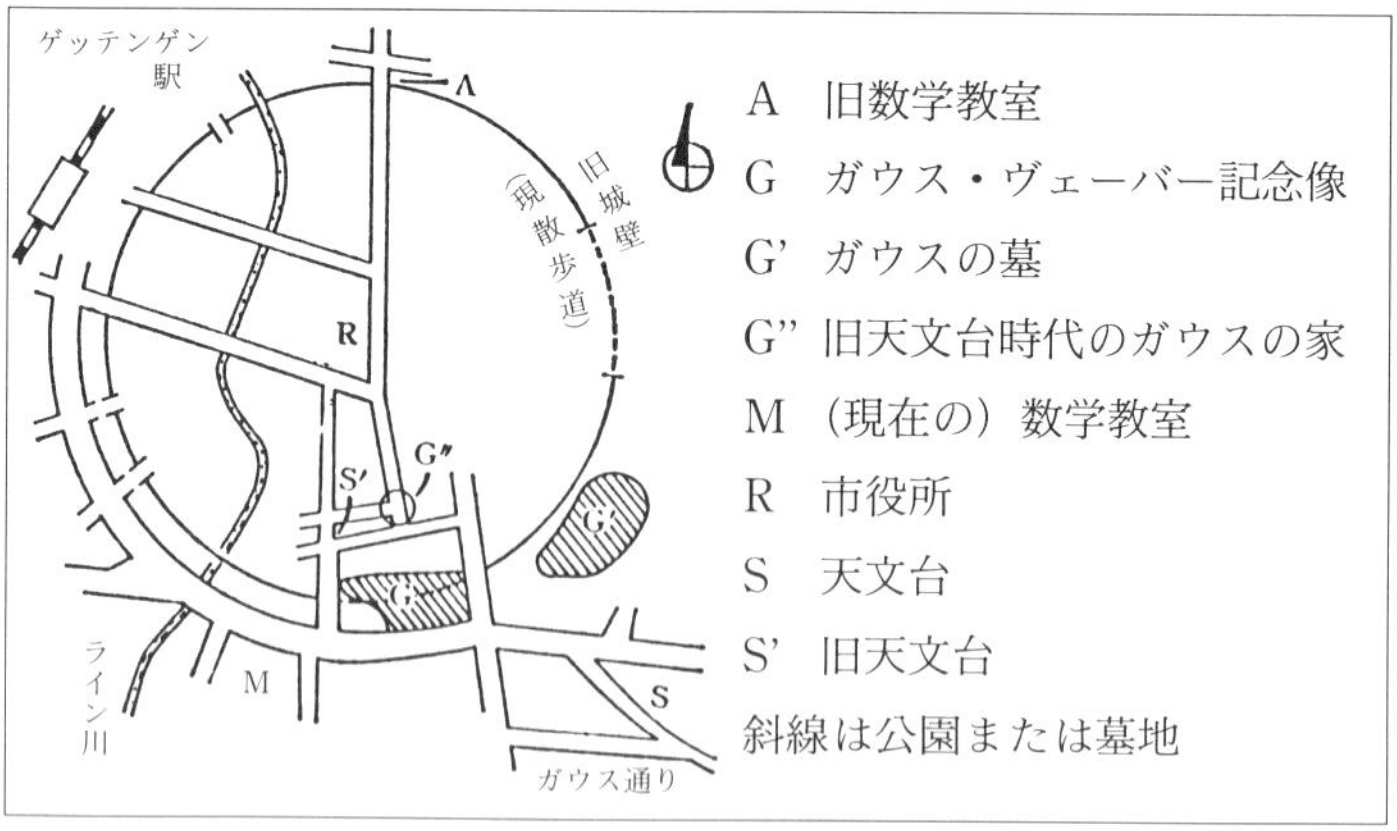

静かな大学キャンパス

ゲッティンゲン大学の案内板——大学のよび方が2通り——
(左の案内板は「ヤコブ・グリムの家」とある)

案内板にこの二種類の校名がみられる。

四二、四三ページの表の中の◎が、なぜ〝メルヘン数学〟なのかについては後述するが、ここではそれらが何を指しているのかについて要点を語ることにしよう。

ガ ウ ス——すでに述べたように、複素平面と合同式の創案がある。

ボ ヤ イ——息子は『非ユークリッド幾何学』を創案した。これは、「直線上にない一点を通る平行線は無数に引ける」という空想的な前提による幾何学である。

メービウス——有名な〝裏表のない紙〟の創案者である。『メービウスの帯』という。このような帯は実在するのであろうか？

デデキント——「直線をある点で切断したら、その切り口はどうなっているのか」ということについて、実数の性質の研究の一つとして考察した（四四ページ参考）。

カントール——当時のドイツ数学界を二分した、といわれた『集合論』を創案した。彼は、長く公表を迷った末発表したが、案の定種々の反論を受け、精神病院へ入院することになった。

クライン——『メービウスの帯』の立体版ともいうべきもので、ボールのように閉じた面をもつのに瓶のように水の出入りができる立体の考案をした。『クラインの壺』という。

ヒルベルト——「数学の将来の問題」（一九〇〇年国際数学者会議での特別講演）で、いろいろな分野から二三個の問題を提示した。日本でいう〝遺題〟である。

近代ドイツの数学者とゲッティンゲン大学

世紀	数学者名	主な研究	ゲッティンゲン大学
15〜17	(多数の〝計算師〟が輩出するが，これは89ページで述べる)		
15	レギオモンタヌス	数学記号	ゲッティンゲン生れ
16	デューラー	透視図法	
17	ケプラー	積分学	
	ライプニッツ	微分・積分学	
18	ベルヌーイ(ヨハン)	積分学	教授　(スイス)
	ゴールドバッハ	整数論	
	オイラー	関数，トポロジー，他　◎	
	ランベルト	円周率研究	
19	ガウス	整数論，他　◎	卒，教授
	ボヤイ(父)	幾何学	卒　(ガウスの友人)
	ボヤイ(子)	非ユークリッド幾何学　◎	
	メービウス	トポロジー　◎	卒　(ガウスの影響)
	ヤコービ	関数論	教授
	ディリクレ	級数論，素数	卒，教授 (ガウスの後継者)
	グラスマン	四元数	教授

世紀	数学者名	主な研究	ゲッティンゲン大学
20	ワイヤストラス	関数論	―「詩人の心」の数学者―
	クロネッカー	代数学	（ディリクレの弟子）
	リーマン	非ユークリッド幾何学	卒，教授（ガウスの弟子）
	デデキント	実数論 ◎	卒，教授（ディリクレの弟子）
	カントール	集合論 ◎	卒（デデキントの弟子）
	クライン	各領域，数学教育 ◎	教授
	フロベニウス	群論，他	卒
	コワレフスカヤ(女)	微分方程式	（論文）（ロシア）
	リンデマン	円周率研究	
	ヒルベルト	幾何学基礎論 ◎	教授（クラインの招き）
	ミンコフスキー	四次元空間	教授（ロシア）
	ツェルメロ	数学基礎論	教授
	ネーター(女)	抽象代数学	教授（クラインの招き）
	ワイル	群論，他	卒，教授（スイス）

◎印はメルヘン数学の研究

メルヘン数学の例(2)

『非ユークリッド幾何学』

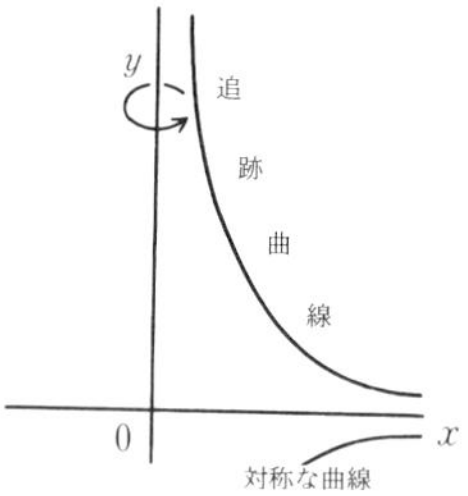

ユークリッド幾何　　平行線はただ１本

非ユークリッド幾何 { 平行線は１本もない(リーマン)
　　　　　　　　　　平行線は無数にある(ボヤイ)

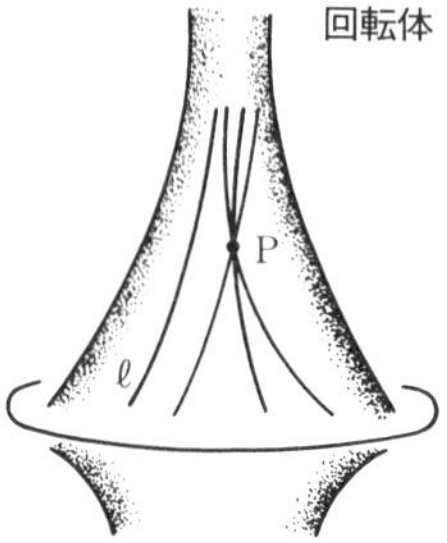

ボヤイの息子がこれを完成したが，研究を始めたとき，父親が迷路に入ると心配し，ガウスには「昔，私が研究した」といわれて大きな失望をしたという。

ベルトラミ（イタリアの幾何学者）がモデルとして右の『擬《ぎ》球』を考案し，〝平行線は無数〟のようすを実在化した(114ページでさらに詳しく述べる)。

（注）ロシアのロバチェフスキーも，同時期，ボヤイと同じ研究をした。

『デデキントの実数（切断）』

数直線上には実数（有理数と無理数）が並んでいるが，これをある点で，バッサリと切ったとき，その切り口はどのようになるか，を研究したものである。

切り口としては(1)ということはなく，他の(2)〜(4)の場合がある，という。

（注）(1)では最大数，最小数の間に数が存在することになる。

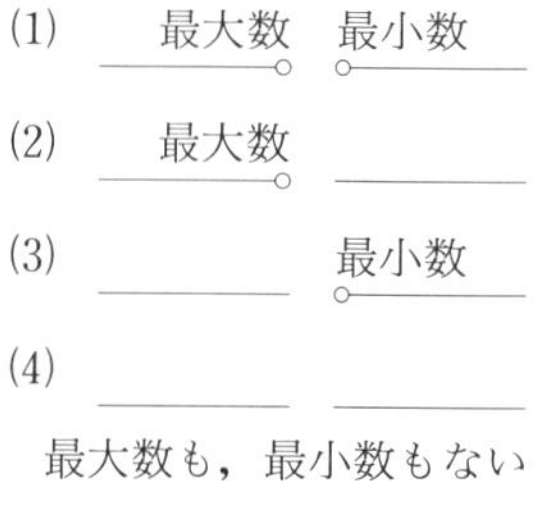

五、〝メルヘン数学〟は文学的視点

幻想とミステリーとロマン

三須照利教授は、その名の通り、ミステリーには大きな興味があり長く数学のミステリーを追求し続けてきた。

しかし、ドイツ数学に関してはミステリーではなく、〝メルヘン数学〟というものを提案したことから、このミステリーとメルヘン、加えてロマンの三つの関連を明確にしてみたいし、しなければならないと考えた。

そこで手始めに、文学（小説）の世界での使いわけを上のようなオイラー図（オイラーが論理関係を示した図）で整理することにしたのである。

十分ではないながら、一応三者の関連、相異点を明確にしたところで、これを〝数学の世界〟で考えてみた。

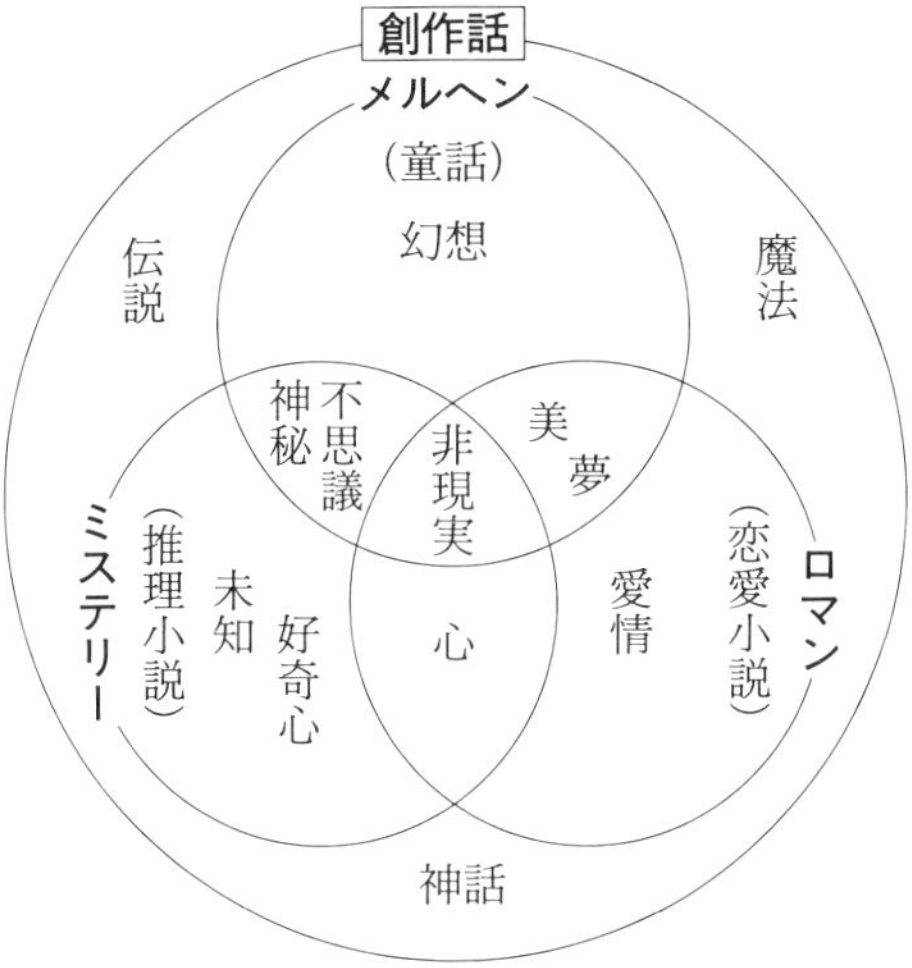

ミステリー数学という内容例

○用語はあるが、実際には存在しない、あるいは描けないもの――数、点、線など

○魔除けに用いるもの――魔方陣、五芒星形など

○不思議な計算法――速算術など

○想像もできないほどの増加――鼠算、ハノイの塔など

○完璧で信じられない数と図の関係――三平方の定理、パスカルの三角形など

ロマン数学という内容例

○数の美事な関係――完全数（6＝1＋2＋3など約数の和がその数）、双子素数

サイクロイド

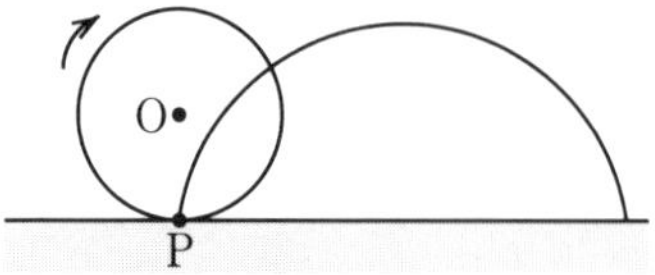

円の回転による点Pの軌跡

連分数

黄金比

$$1+\cfrac{1}{1+\cfrac{1}{1+\cfrac{1}{1+\cfrac{1}{1+\cfrac{1}{1+\cdots}}}}}=$$

裁断比

$$1+\cfrac{1}{2+\cfrac{1}{2+\cfrac{1}{2+\cfrac{1}{2+\cfrac{1}{2+\cdots}}}}}=$$

上の２式で…を除いて計算してみよ（答は巻末）。

○理想を追って作った人工数——四元数 $a+bi+cj+dk$（i, j, kは虚数）
○美しく、また有用な曲線——サイクロイド（前ページ図）、指数曲線など
○〝神の比例〟といわれた美しい比——黄金比（約1：1.6）、あるいは裁断比（1：$\sqrt{2}$）（本書の横と縦の長さの比もそうである）
○右の比を作る美しい連分数——前ページ

前掲のミステリー数学、ロマン数学の内容に対して、〝メルヘン数学〟の内容では、不可能と思われることやマジック（手品）的な要素がある。

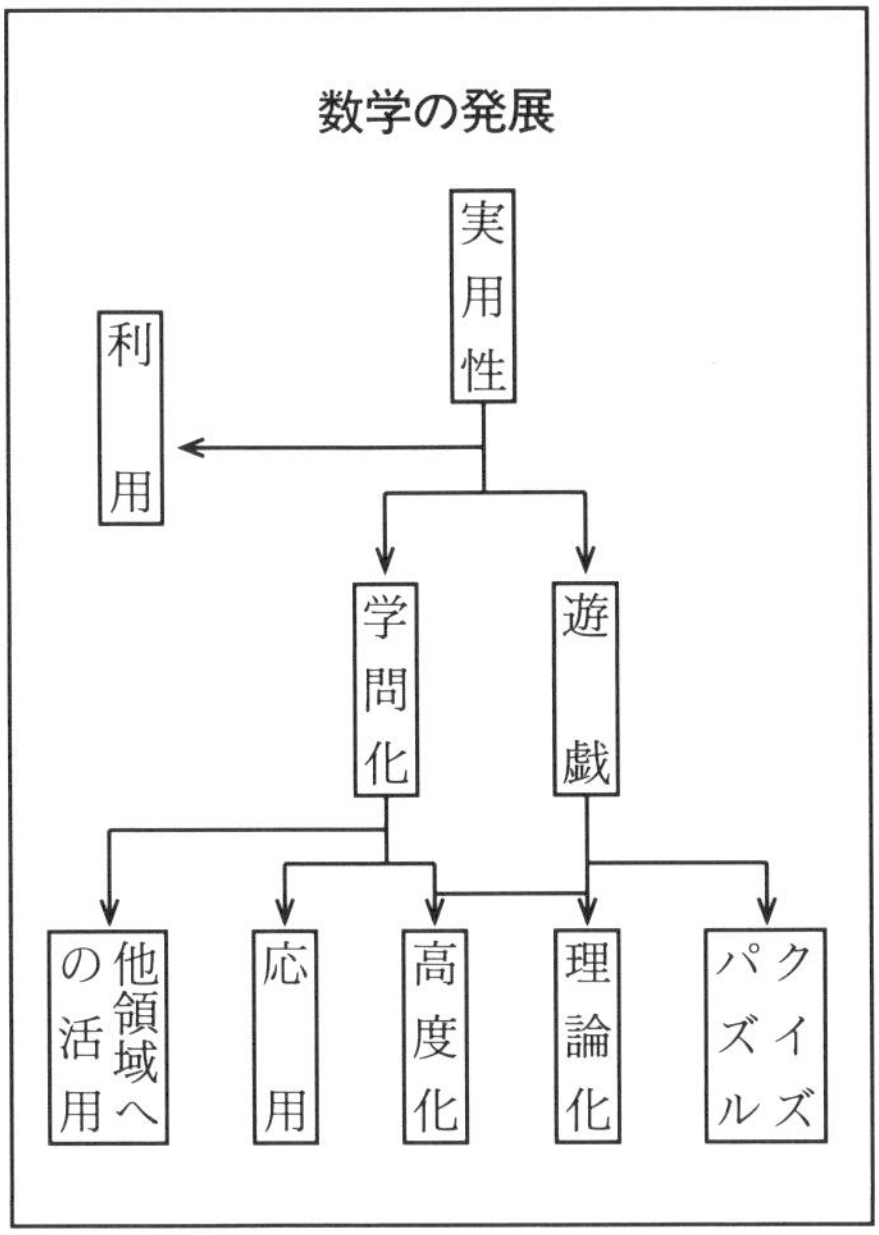

数学は五千年の昔に、日常生活や人間社会の必要から、実用性として誕生しながら次第に上のように多岐にわたり、複雑になり、高度になって発展してきた。

しかし、〝数学〟をこうした体系的な見方とは別に、ミステリー数学、ロマン数学、メルヘン数学といった文学感覚に近い感性的、情緒的、主観的な内容選択をして楽しむという方法も、数学の側面を学ぶことができる興味深い探訪なのである。

秘話★裏話

数学者の墓

〝数学〟という学問が、他の学問と大きく異なる点の一つに、数学上の発見にその発見者の名をつけ、後世にたたえる（?）という習慣がある。

ピタゴラスの定理、メービウスの帯、クラインの壺、オイラー円、ビュッフォンの針……など有名である。また、研究者が自己の研究中、もっとも好んだ形を墓にしたり、墓に刻むこともおこなわれる。

アルキメデスは円柱にすっぽり入る球の立体、ヤコブは「永遠の曲線」（曲率が一定）とよばれる図（しかし、石工が誤ってアルキメデスの曲線にしてしまったという）を墓に刻ませた。

ガウスは、自分の墓に正一七角形を刻むことを遺言したといわれている。

しかし、これは果たされていない。

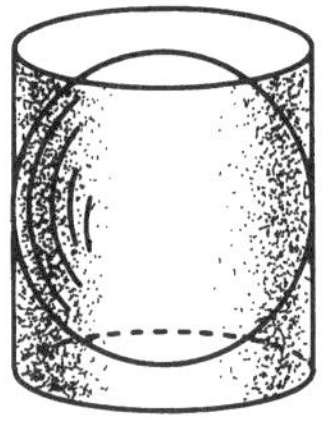

アルキメデスの墓

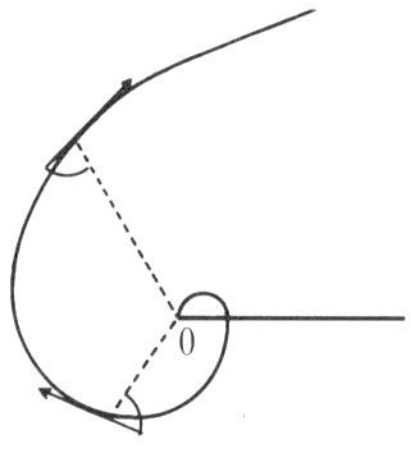

ヤコブの墓

第2章

瞑想都市ケーニヒスベルクの町の遊び

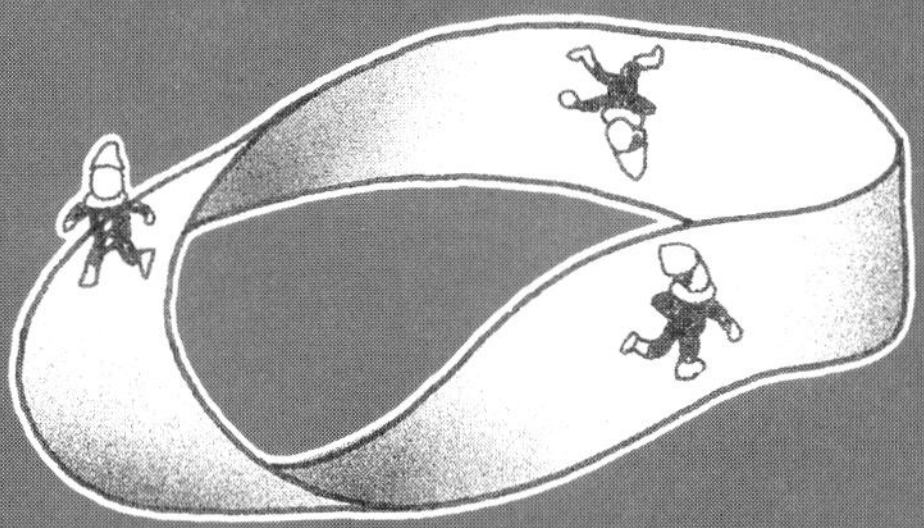

↑
街に必ず橋があるが"数学の世界"にも橋が登場する

有名なドイツの高速道路「アウト・バーン」← ↓

アウト・バーンは立体交差（橋）が多い

一、著名人の哲学の道と町

哲学と数学

ゲッティンゲン大学の多数の数学者の研究と、彼らの経歴を調べていた三須照利教授は、この大学とケーニヒスベルク大学との間に深い関係があることを発見した。

次ページの地図のように、この二つの大学は距離的に離れているにもかかわらず、人事や研究交流が盛んなのである。しかも、このケーニヒスベルクは後にソ連領になり、その関係から遠くのロシアの学術都市ペトログラードと交流がある。つまり、ケーニヒスベルクは、ドイツとロシアの学術交流を結び付ける役割をした都市ともいえる。

この発見をした三須照利教授は、思わず、〝ミステリー街道〟と命名しよう、と考えたのである。現在、ドイツ観光で、メルヘン街道、ロマンチック街道などが宣伝語になっているのにちなんでつけてみようとした冗句である。

ところで、ドイツ、ロシアの研究交流の接点**ケーニヒスベルク**とは、どのような都市であろうか。

バルト海に面し、一二五五年に建設された都市で、一四世紀にはハンザ同盟に加わって大発展し、東プロイセン（現ドイツ）の中心として、ソ連領になる一九四五年まで活気ある町であった（ラテン語名はレギオモンタヌス)。

一九四五年に政治家でソ連邦元首のカリーニンの名をとり、カリーニングラードという都市名に変った。

「カリーニン」はペテルブルクで労働者として若い時代を過したが、このペテルブルクはロシア最北端でネヴァ川の両岸と三角州地帯を指す。〝白夜・芸術の都〟とか〝水の都〟として有名である。

関連で、**ペテルブルク**を紹介しよう。

古くはサンクト・ペテルブルクとよんだが一九一四年から十年間ペトログラードといい、一九二四年からレニングラードとなり現在再びサンクト・ペテルブルクとなる。

「ヨーロッパへの窓」とよばれる都市で、第二次世界大戦では九百日間もドイツ軍に包囲されたが屈伏しなかったことから「英雄都市」の名もある。

『集合論』創設の大数学者でベルリン大学教授カントール(四一ページ)も、この地の出身である。

さて、話をケーニヒスベルクにもどそう。

ドイツの大哲学者カント（一七二四〜一八〇四）が、この都市を有名にさせた第一人者であろう。カントはこの町の馬具工の子として生まれ、ケーニヒスベルク大学で学んだが、数学者でもあるニュートンの物理学やライプニッツ（微積分創設）の哲学に興味をもったということであるから、数学者に近い感覚のもち主と思われる。一七七〇年には同大学の教授になった。

彼は自然科学から哲学の研究へと進み、経験論と合理論を統一した批判哲学を確立した。カントが、こうした思想を、静かで文化的なケーニヒスベルクの町を散策しながら構成していったかと思うと、彼の〝哲学の道〟を探ね歩いてみたいと考えるのである。

思索、構想の町であることは、この地から史上著名な数学者を輩出したことからもわかる。

市内を流れる川にかかる七つの橋を渡る方法についての、町の人たちの問題を、見事に数学的手法で解決したオイラーについては後述するとして、ヤコービ、ヒルベルト、ミンコフスキーなど、そうそうたる数学者がケーニヒスベルク大学教授として活躍している。

ヒルベルトはこの地の出身で、ケーニヒスベルク大学を卒業後、教授になるが、ゲッティンゲン大学に移るとき、その後任にロシアから逃れてきたミンコフスキーを推薦し、終生親交をもったという。つまり、国境を越えた人間交流のおこなわれた地でもあった。

すでに述べたように、ケーニヒスベルクの町は、ハンザ同盟の都市として発展し続けると共に、ドイツとロシアの文化接点として両国の数学者が往き来をした地として忘れられない。

秘話★裏話

『哲学堂』の迷・想

数学者三須照利教授は、有名な数学者を見習い、新鮮なアイディアや思索のために、早朝の散歩をする。

幸い、東京中野に入場無料の『哲学堂』がある。

ここのパンフレットに、次のようにある。

「〝哲学〞は人生や世界や物事の根本を、理性で求めようとする学問で〝哲〞という言葉は『英知』という意味があり、ギリシア語のフィロソフィアー（知への愛）が語源」と。

この哲学堂は、哲学者で東洋大学創立者である井上円了博士が、精神修養の場として、一九〇六年に創設し、一九四四年に東京都に寄贈されたものである。

起伏のある広々とした敷地の木々の中に、古風な建物や石像などあり、素晴らしい思索、散策の場である。

↑
哲学堂公園

三祖碑（中国の黄帝，印度の足目，ギリシアのターレス）
↓

哲学に関するものとして、三哲人石像（三祖碑）と四賢人建物（四聖堂）とがある。

三哲人とは

中　国　の　黄　帝――中国神話。伝説上の皇帝（軒轅《けんえん》）。漢族の祖で、養蚕、文字、暦法、音楽、度量衡の基を定める。

印　度　の　足　目――アクシャ・パーダ（五〇～一五〇？）。ニャーヤ学派の開祖で革新的仏教論理学者。

ギリシアのターレス――紀元前六世紀の数学者。幾何学の開祖であり、イオニア（ミレトス）学派を開く。「万物のもとは水である」が有名。

四賢人とは、孔子、釈迦、ソクラテス、カントを指す。

また「**哲学の道**」はもともとドイツのハイデルベルクにあるが、日本ではこれをヒントにして京都の〝銀閣寺から法然院前までの山すその道〟（疎水べり二キロほど）をそうよんでいる。

その昔、西田幾多郎《きたろう》、田辺元《はじめ》、河上肇《はじめ》らの学者が、この付近を散歩しながら、瞑想にふけったといわれている。

哲学の道（京都）

二、七つの橋の解決は「オイラーにまかせろ！」

不可能の証明

静かで哲学的なケーニヒスベルクの町に、人々を熱中させ、町を湧かせる話題が起きたのである。

それは一七三〇年頃のことで、町を流れるプレーゲル川には下のような七つの橋がかかっていたが、「この橋を全部しかも一回ずつだけ渡ることができるか」という一見簡単な、親しみやすい問題であった。

下の図について、あなたも挑戦してみよ。

思索の好きなこの町の人々は、この問題解決にカンカンガクガクの日々が続いたが、誰一人解けたものはいなかった。

あなたもできなかったであろう。

たくさんの人が挑戦したのに、誰一人もできないということは、

ケーニヒスベルクの町の川と７つの橋

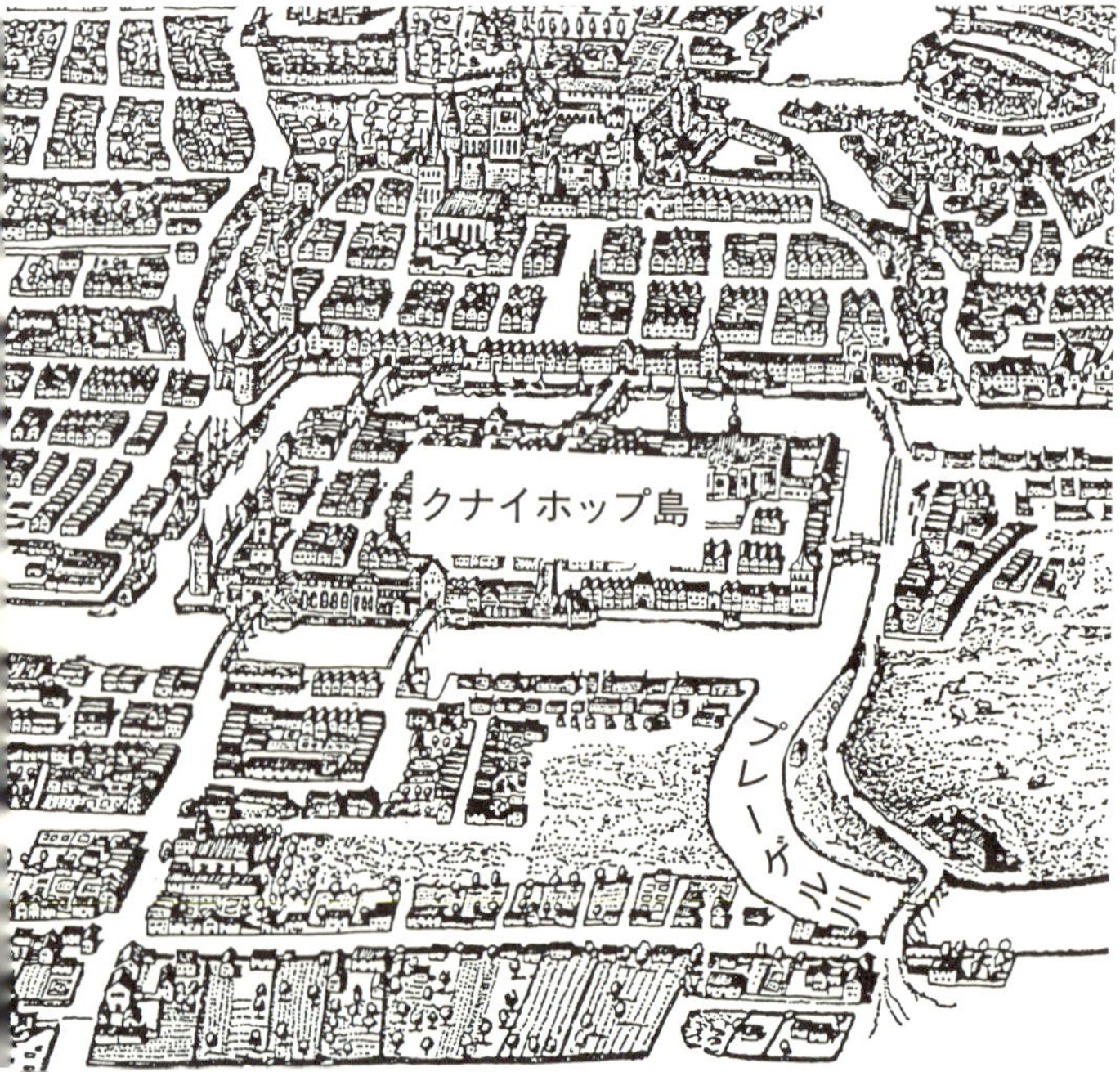

㈠　よほどの難問なのか、方法が下手なことによるのか
㈡　解決不可能な問題なのか
㈢　もし不可能なら、不可能ということを、どう説明したらよいのか

などの問題になってくる。

ここで、数学者オイラーが登場するのであるが、その前にあなたに、三須照利教授の出したヒントの問題に挑戦してもらうことにしよう。

左の図1を改変した図2、図3についてこれができるかどうか、やってみよ。

〔**参考**〕二百年後の一九三五年には、もう一本、橋がかけられ、この町の難問は解決したという。

（あとで使う折り返すときの折り目）☞

図1．話題の問題

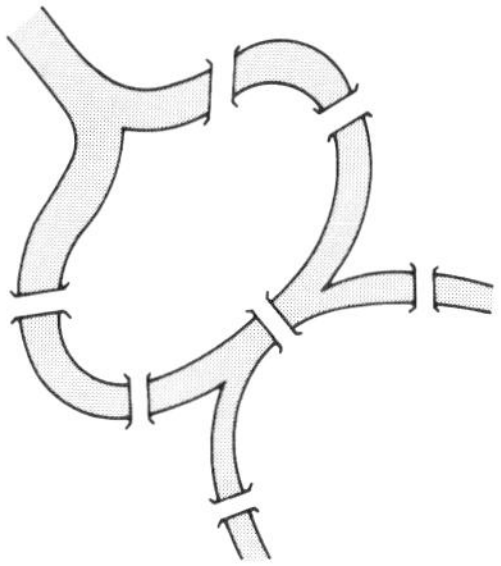

図2．1本減らした

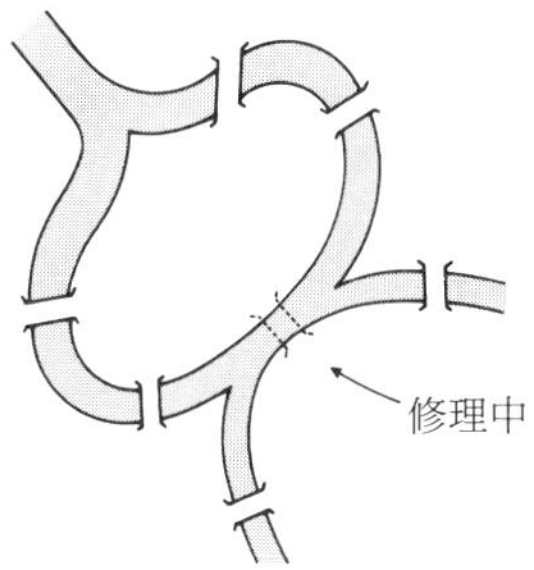

図3．2本ふやした

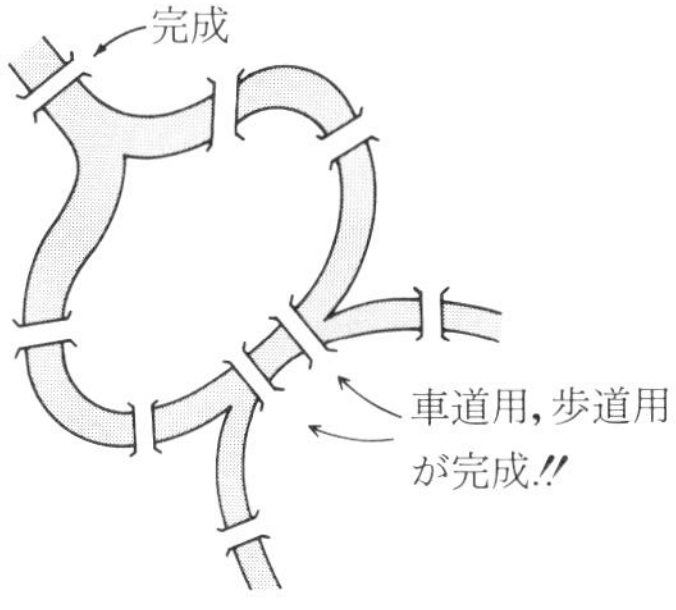

熱心に、また分析的に調べると、次のことがわかるであろう。

図1　はどうやってもできない。

図2　はある場所から始めるとできるが、他の場所を出発点にするとできない。

図3　はどの地点から始めてもできる。

右の三点がわかると、この「ケーニヒスベルクの橋渡り」の問題の解決に一歩近づいたことになる。

さて、この辺で数学の手法によることを説明しよう。

数学化の方法

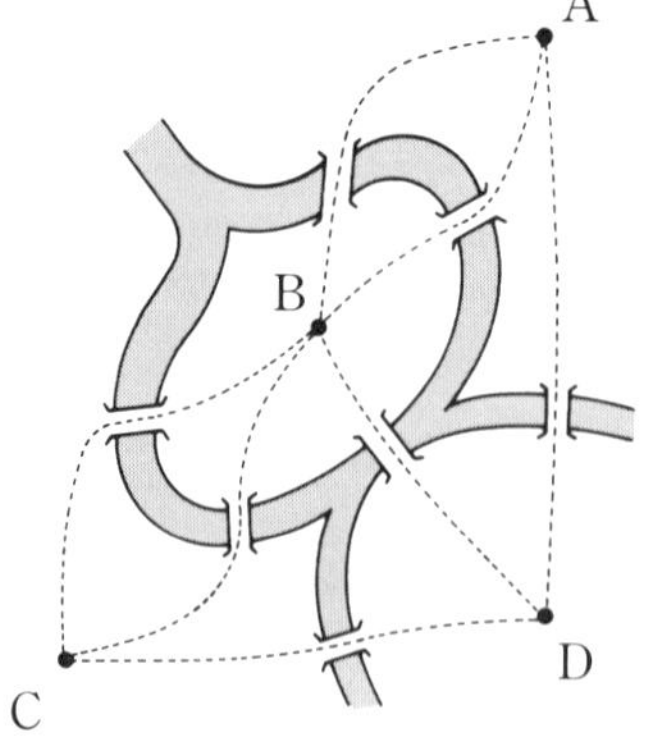

この問題では、川の広さや清濁、橋の材質や構造、さらに周辺の家々の様子などは、一切関係なく、上の図のように、土地A、B、C、Dの四点を橋を通る線で結んだ線図形（点線）が一筆で描けるかどうか、という〃一筆描き〃の問題になるのである。

数学の姿勢は、詩や和歌、俳句のように、できるだけムダなものを捨象《しゃしょう》する、そして純化、簡明化するということがこの例でわかるであろう。

実は、これもオイラーのアイディアであるが、それは後述することにしよう。

図１

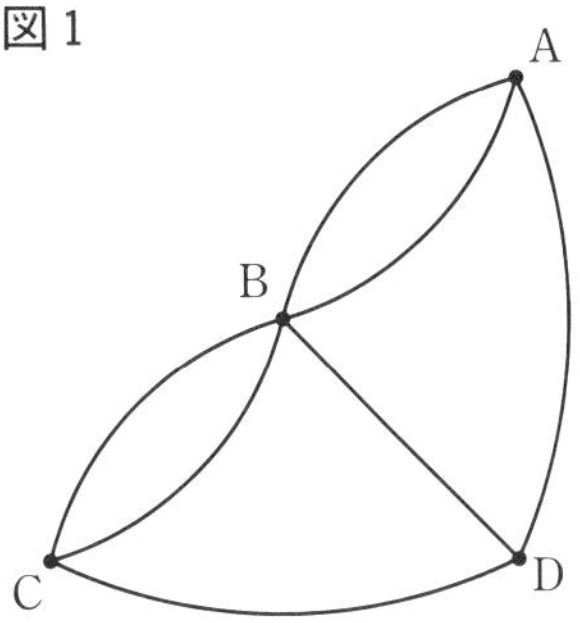

図２

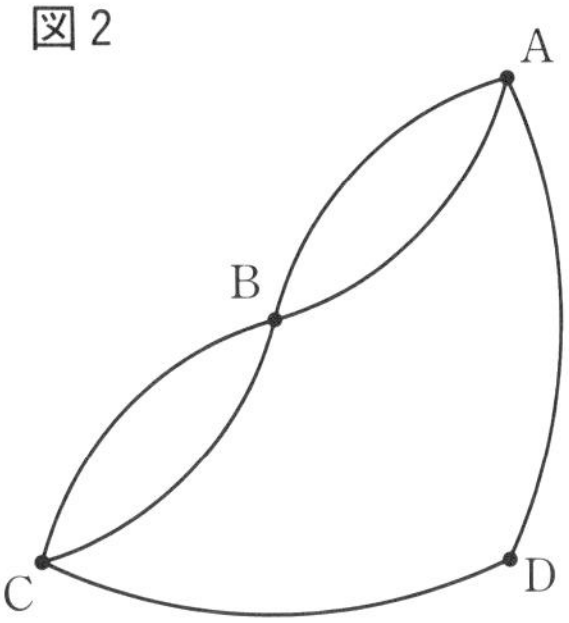

図３

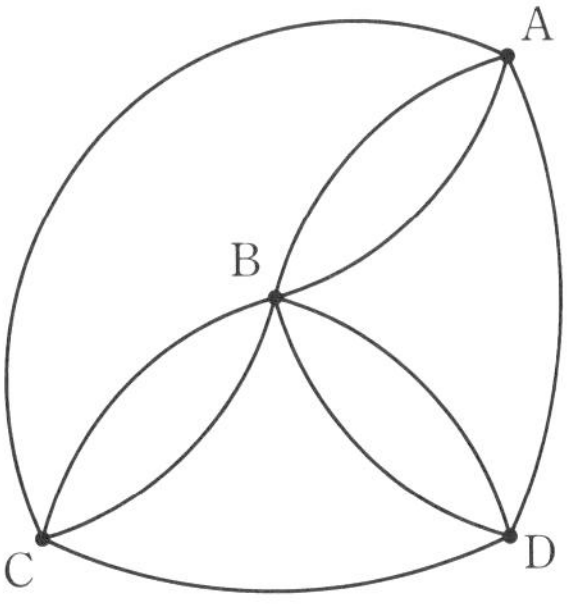

ここで、五七ページの三つの図を、点と線の図（一筆描き用）にしたものが、右の三図である。
五七ページの図より、右の図の方がはるかに調べやすいであろう（折れ線で折り、見比べよ……）。
では、いよいよ「ケーニヒスベルクの橋渡り」の問題解決、としよう。

	一筆描き
図１	できない
図２	点Aか点Cから描き始めるとできる
図３	どの点から描き始めてもできる

右の三つの図については上のようにまとめられる。
問題解決の〃鍵〃は、「一つの点とそこに集まる線の数」で、
偶数本のときは、単なる通過点なので作図に関係ない。
奇数本のときは、その点が出発点か終点になる。
（注）偶数本の線が集まる点を偶数点、奇数本を奇数点という。

	偶数点，奇数点
図 1	奇数点が 4 つあるので，通らない点がでる
図 2	奇数点が 2 つなので，一方を出発点，他方を終点になるように作図すればできる
図 3	偶数点だけなので，どの点から始めても作図できる

前ページのことから、上の結論が得られる。

以上の研究は、数学者オイラー（一七〇七〜一七八三）によるものである。一七三六年論文発表。

彼は一八世紀最大の数学者といわれ、スイスの有名な数学一家ベルヌーイの人たちとも研究上の親交があった。

ペテルブルク（後のレニングラード）で研究し、ケーニヒスベルクでも過した。著作、論文は八五〇編で超人的量といわれる（次ページ参考）。

〔問〕左の図の中で一筆描きできるものを選び出せ（答は巻末）。

(1)

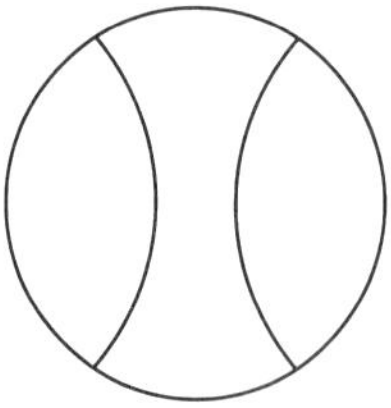

(2)

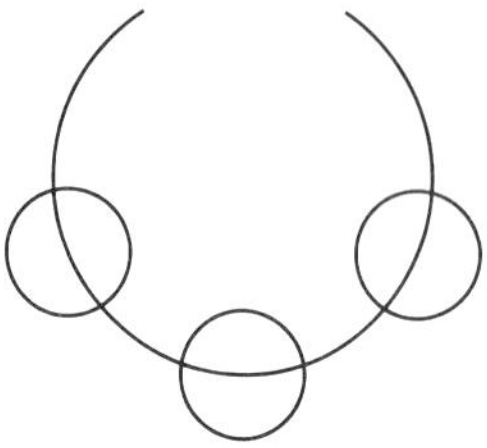

(3)

(4)

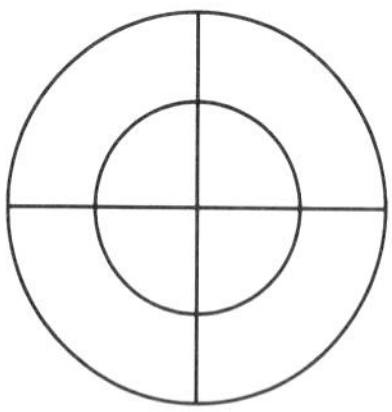

秘話★裏話

オイラーの多才

一八、一九世紀の数学の発展はすさまじく、領域分野ごとにいちじるしく進んだため、数学者でも〝他の分野の先端のことは理解できない〟というほどになった。

二〇世紀になると、このタコの足のようにバラバラの数学を統合的に整理する考えが発生してきた。これには次の二つの方向があった。

㈠ 集合、位相、構造などという抽象的な考えを導入する。

㈡ 数学基礎論、幾何学基礎論などの基礎論の研究が進んだ。

オイラーはそれ以前の数学者であり、「数学の広範な領域について研究を進めた（ガウスを除くと）最後の人」ということができる。

彼の業績は、『トポロジー』（後述）創案のほか、微積分学を始め、関数、方程式、解析幾何学、記号の創案、応用数学、物理数学、古典力学と幅広い。また「オイラー」の名をつけた数学用語も多い。

オイラー円（九点円）、**オイラー**線（外心、垂心、重心は一直線）、**オイラー**の解法（四次方程式）、**オイラー**の変換、**オイラー**の関数、**オイラー**の公式、**オイラー**の多面体定理、**オイラー**の図（ベン図のもと）、**オイラー**の方陣、などなど。

三、〝メービウスの帯〟の妙

裏表のない紙

オイラーはケーニヒスベルクの〝七つの橋渡り〟を一筆描きの問題として解決し、さらにこれを学問的に構成して新しい数学『トポロジー』（位相幾何学）を創案した。

これはユークリッド幾何学以来の、長さ、角、面積や、平行、垂直といった図形の「計量や相互の位置関係」を捨て去り、図形の基本である「点と線のつながり」だけに注目した図形の研究である。

〔問〕左の五つの図形すべてに共通なものをいえ（次ページ参考、答は巻末）。

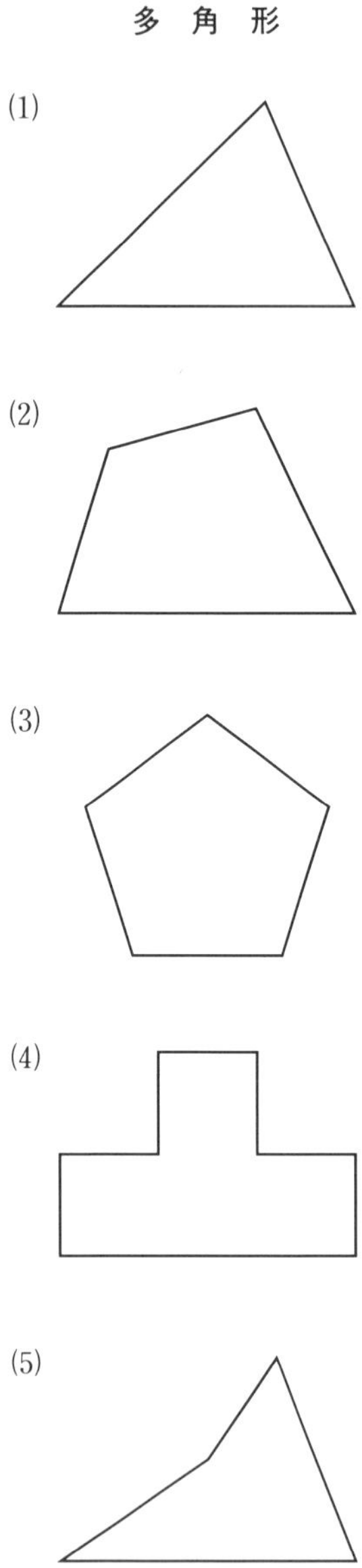

点と線と面の関係

図形	(点)－(線)＋面＝？
(1)	3 － 3 ＋ 1 ＝ 1
(2)	4 － 4 ＋ 1 ＝ 1
(3)	5 － 5 ＋ 1 ＝ 1
(4)	8 － 8 ＋ 1 ＝ 1
(5)	4 － 4 ＋ 1 ＝ 1

ふつうの答は、角がある、直線がある、面積がある、つまり「直線で囲まれた図形」ということになろう。

しかし、(1)〜(5)でオイラーは、(点)－(線)＋(面)の計算をし、すべてその結果が〝1〟であることを示した。これを『オイラーの定理』といい、この数を示性数、あるいは標数という。

この性質は曲線が入っていても、円や楕円のような図形でも同じであり、閉じた平面図形に共通した値なのである。

では、示性数が1でない図形とは、どんなものだろうか？

曲線があっても……

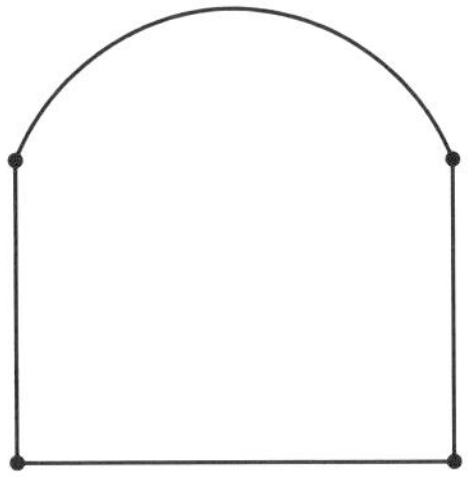

4 － 4 ＋ 1 ＝ 1

円はどうなる？

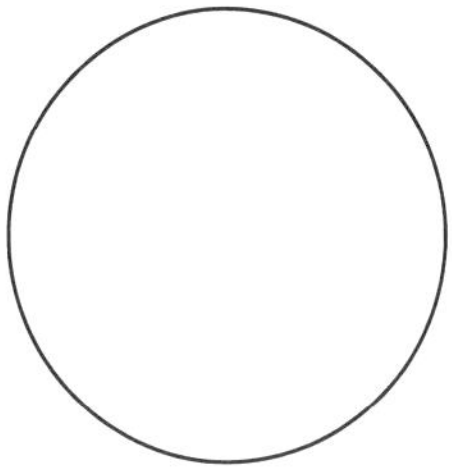

点がないときは
適当に点をとって
⇩

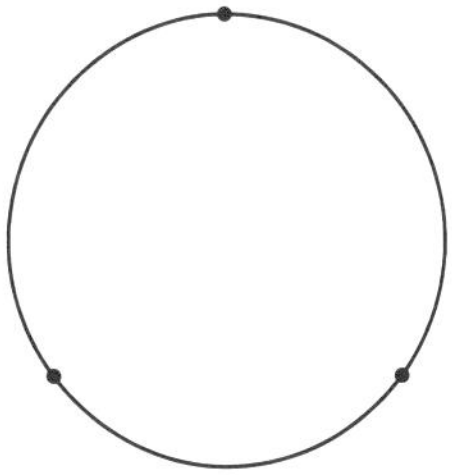

3 － 3 ＋ 1 ＝ 1

（注）これは「三角形をふくらませた」と考えることができる。

これまで調べたことから、
○ふつうの多角形はみな示性数が1
○二つの図形を合わせたものや凹多角形でも示性数が1
ということがわかった。もし示性数が、0とか2とか、あるいは−1、−2ということになると、
○図形内に穴があいている
○立体である（これは次項で考える）
ということになるであろう。

〔問〕左の穴（色のついている部分）のあいている図形について、それぞれの示性数を求めよ（答は巻末）。

(1) 三角定規

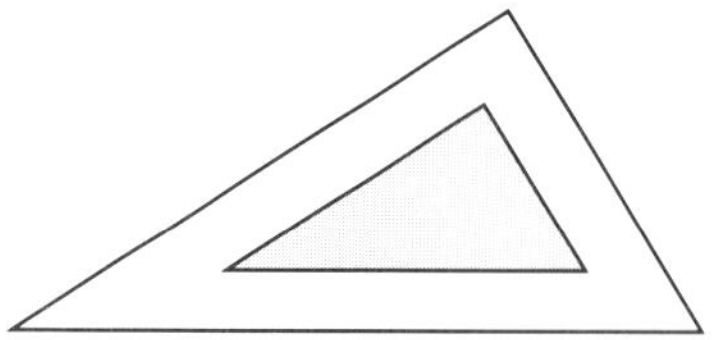

(2) ガラス窓のあるドア

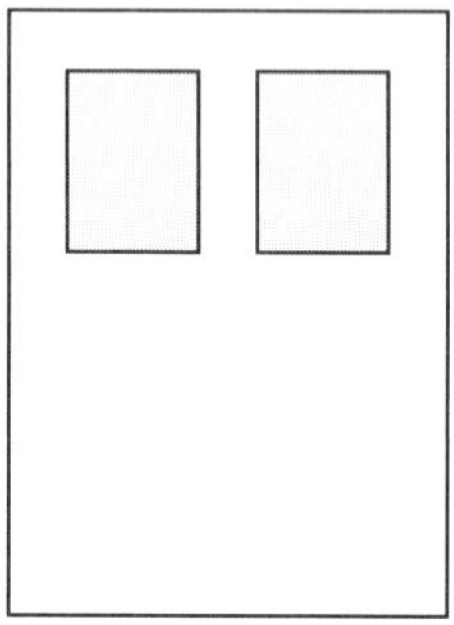

（ヒント）穴のない閉じた図形にして調べる。

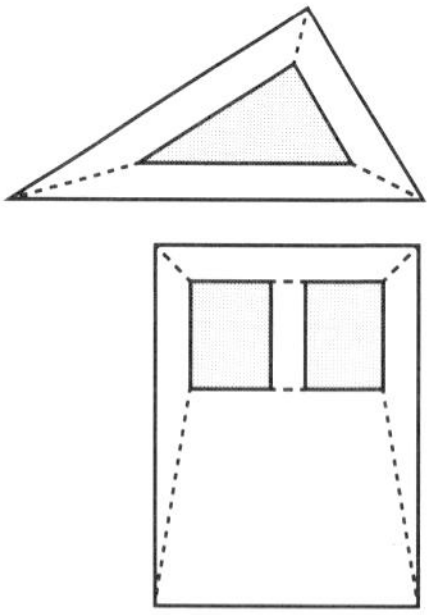

さて、ここまでやってくると、『トポロジー』という図形学は、いままでの『ユークリッド幾何学』（学校で習った図形編）と全く違うことに気がついたであろう。

「おもしろい」「ふしぎー」という人や「ナンダ、コリャー」「何に役立つのか」「これも数学？」という人などいろいろ感想があろう。

そんな未知への探険や疑問、迷いをいだきながら、もう少し先に進もう。

有名な〝メービウスの帯〟という、〝裏表のない紙〟を紹介しよう。考案者メービウス（一七九〇～一八六八）はプロシア生れのドイツの数学者で、ライプチヒ大学教授として幾何学を研究した。

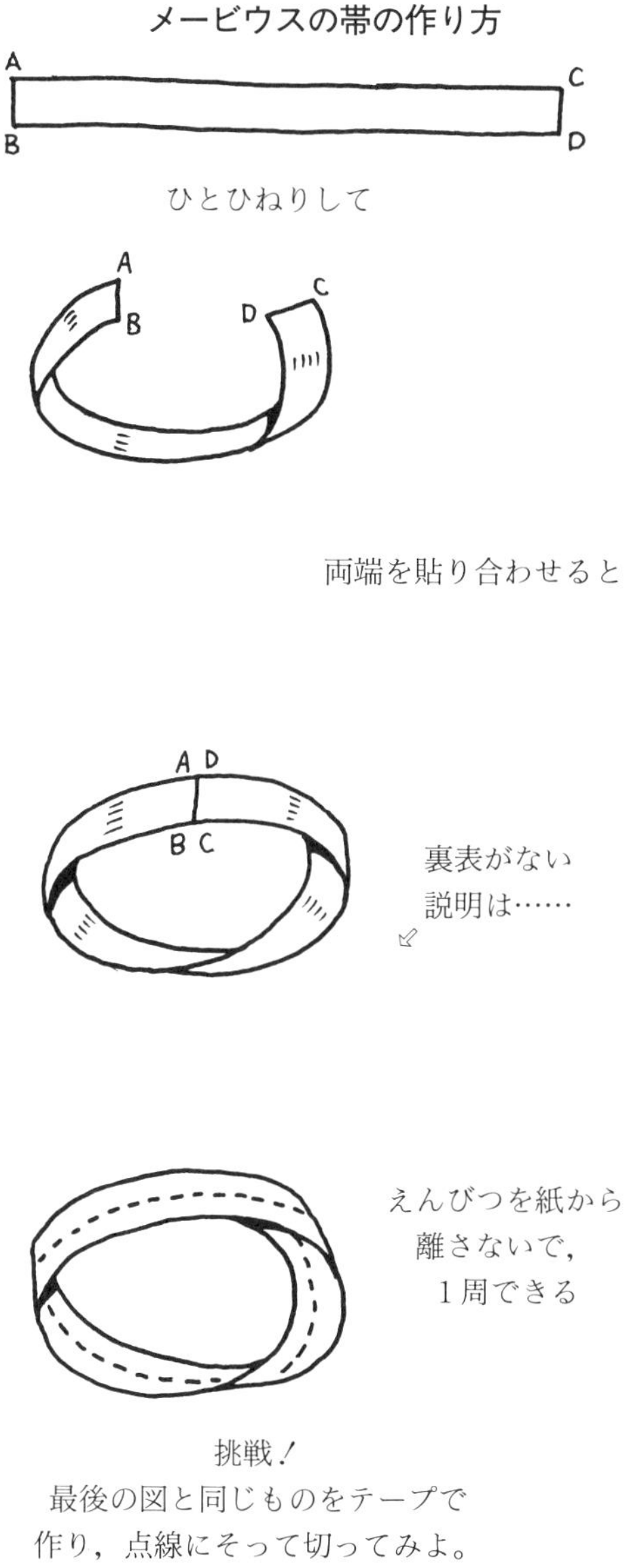
メービウスの帯の作り方
A
B
C
D
ひとひねりして
A
B
D
C
両端を貼り合わせると
A D
B C
裏表がない
説明は……
えんぴつを紙から
離さないで，
1周できる
挑戦！
最後の図と同じものをテープで
作り，点線にそって切ってみよ。

〝裏表のない紙〟が何だ！　といわれても困るが、
○録音、録画用のテープがエンドレスで両面使える
○モーター、エンジンのベルトが両面使え、痛みが少ない
などの実用性もある。

また、今日では『トポロジー』の考えやアイディア、手法が社会に広く浸透し、下のような路線図や案内図、他いろいろな場面で利用されている。

これらを探し出してみよう。

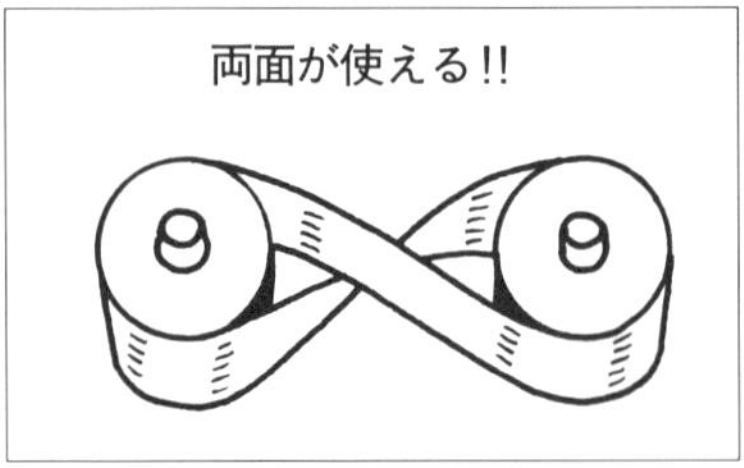

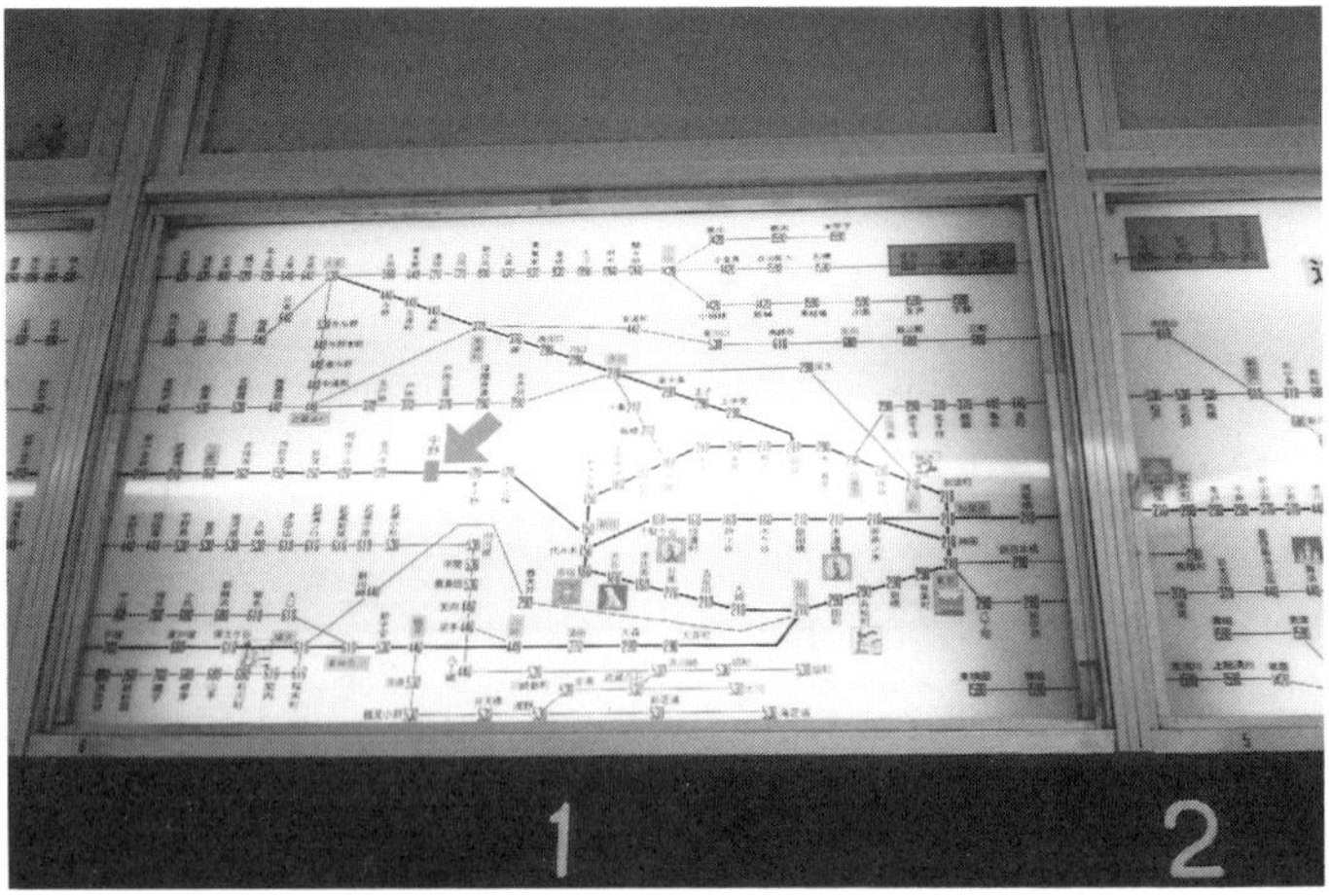

東京JR環状線、他の料金表

四、〝クラインの壺〟の珍

閉じた開いている面

図形について考えるのに、長さも角も面積も、そして形や方向までも、無視してしまうという『トポロジー』は、奇妙でありながら、いろいろ思いがけない有用性があった。

さて、これまでは、平面図形について調べてきた——メービウスの帯は立体——が、図形の点、線、面の数についての関係式『オイラーの定理』は、立体の場合はどのようであろうか。

左の各図について、示性数を計算してみよ（答は次ページ）。

多面体

(1)

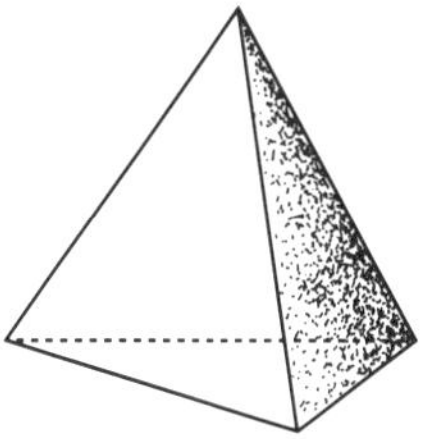

(2)

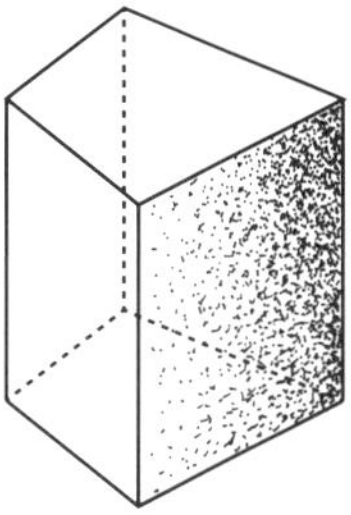

(3)

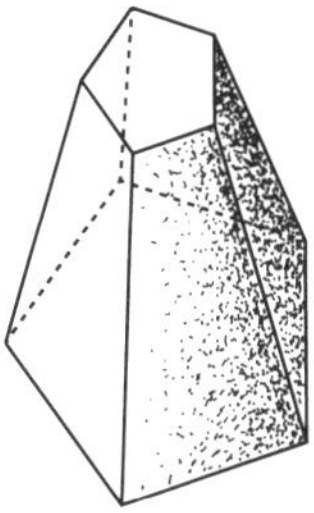

(4)

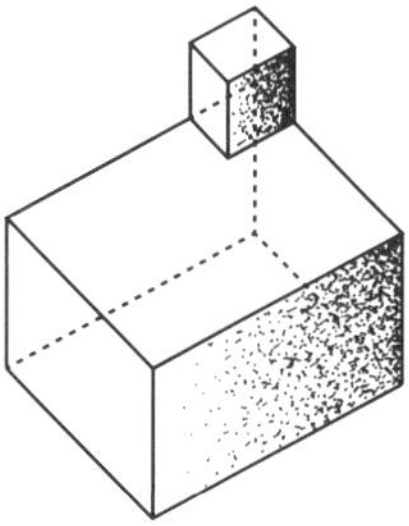

点と線と面の関係

図形	(点)－(線)＋面＝？
(1)	4 － 6 ＋ 4 ＝ 2
(2)	8 －12＋ 6 ＝ 2
(3)	10－15＋ 7 ＝ 2
(4)	15－24＋11＝ 2

上の計算からわかるように、多面体の示性数はすべて2である。

では閉じた曲面、つまり球や楕円体、あるいはひょうたん形などはどうなるであろうか。

これは円のときと同様に適当に面上に点をとり、左図のように考えていけばよい。多面体同様、示性数は2となる。

ナントモ、〝美事！〟というほかはないであろう。

オイラーの頭の良さにはただただ感服してしまう。

球はどうなる？

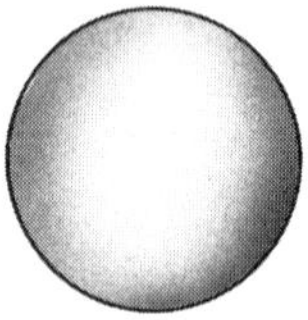

球面上に2点をとって
点，線，面を作ると

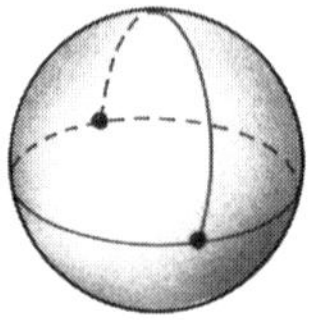

2 － 3 ＋ 3 ＝ 2

〔参考〕　ゴム膜製

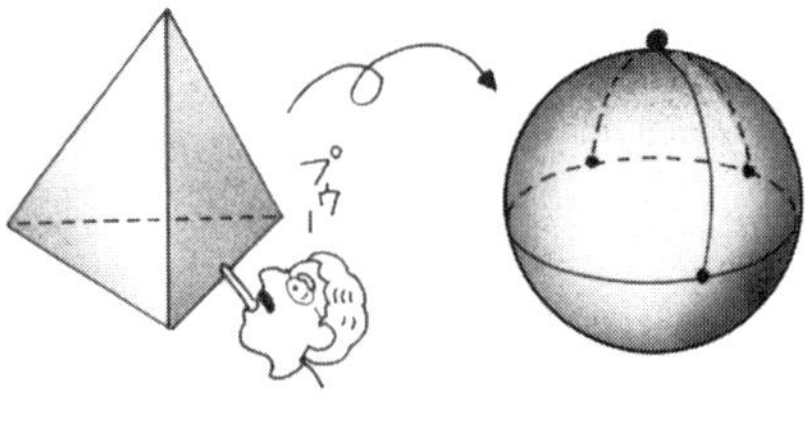

空気を入れると球になる。

次は中空の立体についての示性数である。

ここでいままでの整理をしながら、予想を立てることにしよう。

（平面） 多角形や円 1。穴一つあき0。穴二つあき-1。

（立体） 多面体や球 2。穴一つあきは、？——→示性数は1か0。あるいは-1。

1から-1の間であるとの見当はつくが、正しくはいくつであろうか。

そこで左図の中空角柱と円柱土管についてその示性数を計算してみることにしよう。

平面のときと同じように、面に穴がないようにするため、下のヒントのように細分割していくつもの柱体とし、計算するのがよい。挑戦してみよ（答は巻末）。

(1) 中空角柱

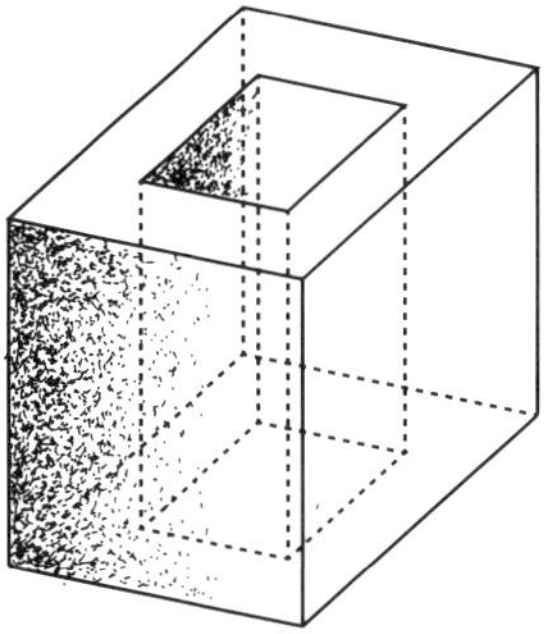

(2) 円柱土管

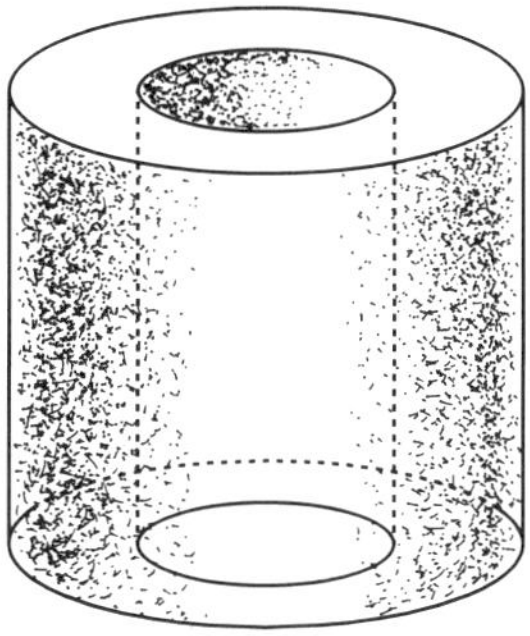

（ヒント） 中空でない柱体にして調べる

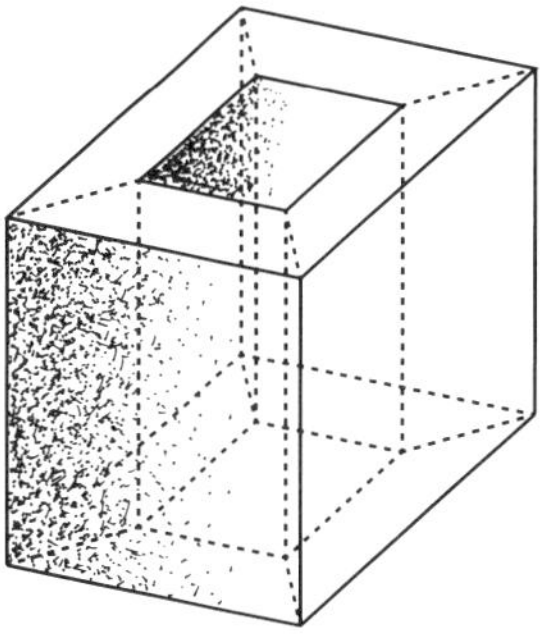

〝メービウスの帯〟の立体版が〝クラインの壺〟で、閉じた面をもちながら、開いた面になっている。いわば、コウモリのような立体なのである。

考案者クライン（一八四九〜一九二五）はドイツの数学者で、ボン大学卒業後、二三歳でエルランゲン大学から招かれ、新任教授の義務である学術講演で「エルランゲン・プログラム」とよばれる有名な内容の講演をした。彼は近代数学の完成者、幾何学の研究者であっただけでなく、数学教育界へも大きな貢献をしている。有名な「数学教育の目標は関数概念の養成にある」は、彼の言葉である。

クラインの壺(管)の作り方

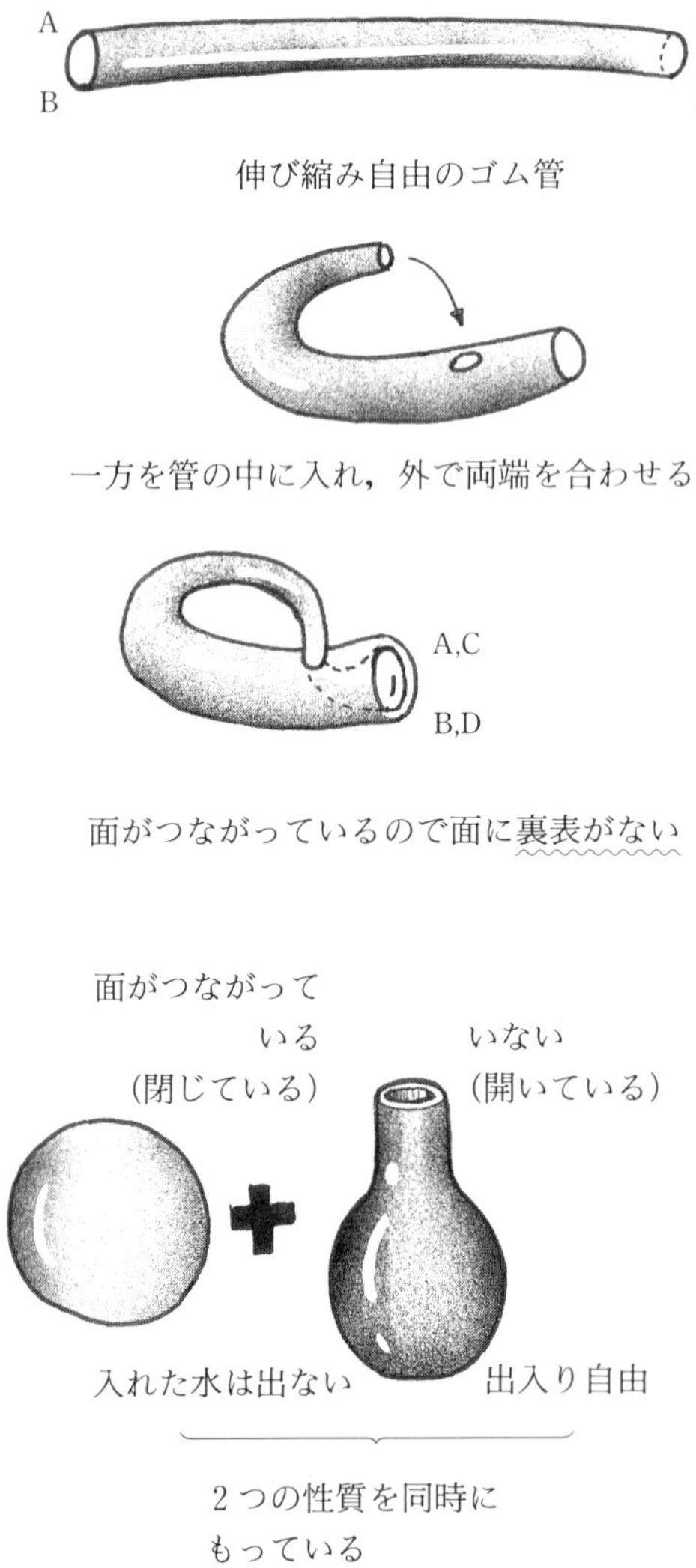

伸び縮み自由のゴム管
一方を管の中に入れ，外で両端を合わせる

面がつながっているので面に裏表がない

〝メービウスの帯〟の立体版といえる〝クラインの壺〟は、いずれも面に〝裏表がない〟という常識を超えた図形である。

トポロジーの不思議さとおもしろさは、次項でいろいろ取りあげるとして、身近な球面と穴あきのドーナッツ面（輪環面、トーラス）とは一見似ているが、示性数は2と0との差がある。当然、二つがもつ図形上の相異があり、球面上に髪を植えつけると「ツムジ」が必要になる（人間の頭を思い浮べよ）のに対し、ドーナッツ面では「ツムジ」はできない。また前者で囲いを作って狭い範囲で動物を飼えるが、後者では囲っているのに、囲い方では全面を自由に移動できるのである（巻末参考）。こうした二者の違いはまだいろいろある。

〔問〕Ａ～Ｅの５点を，面上ですべての線が交差しないように結べ（答は巻末）。

図１

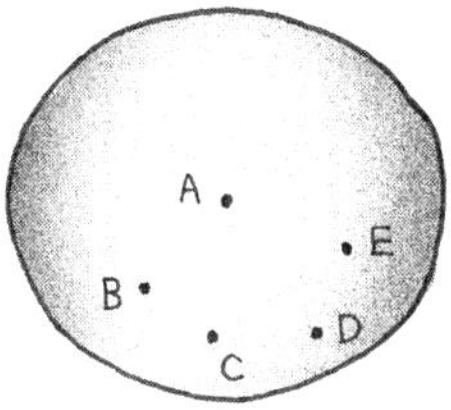

図２

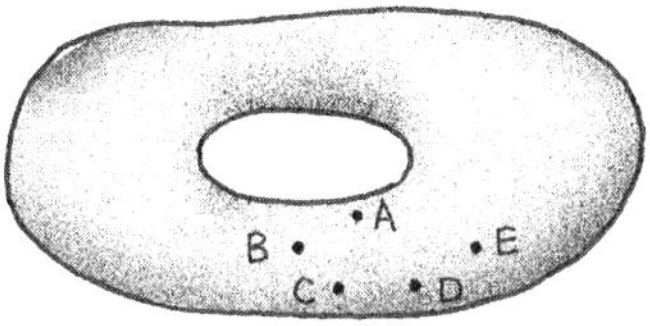

図３

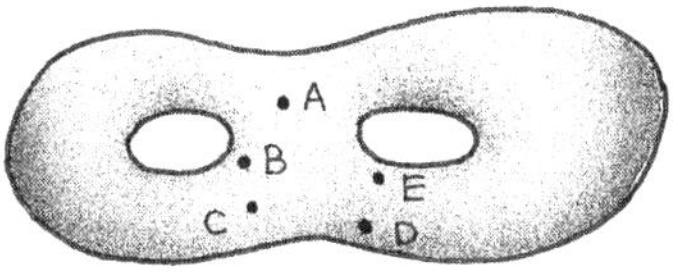

〔参考〕上の２つと同相な図形

コーヒーカップ

中華なべ

五、『トポロジー』というメルヘン数学

数学の新魅力

『トポロジー』の語は、topo（位置）—logy（学問）、つまり、位置に関する数学ということから、日本ではこれを『位相（位置の様相）幾何学』とよんでいる。しかし、このトポロジーの考えは、数学の他の領域へも及ぼし、現在『位相数学』という学問がある。

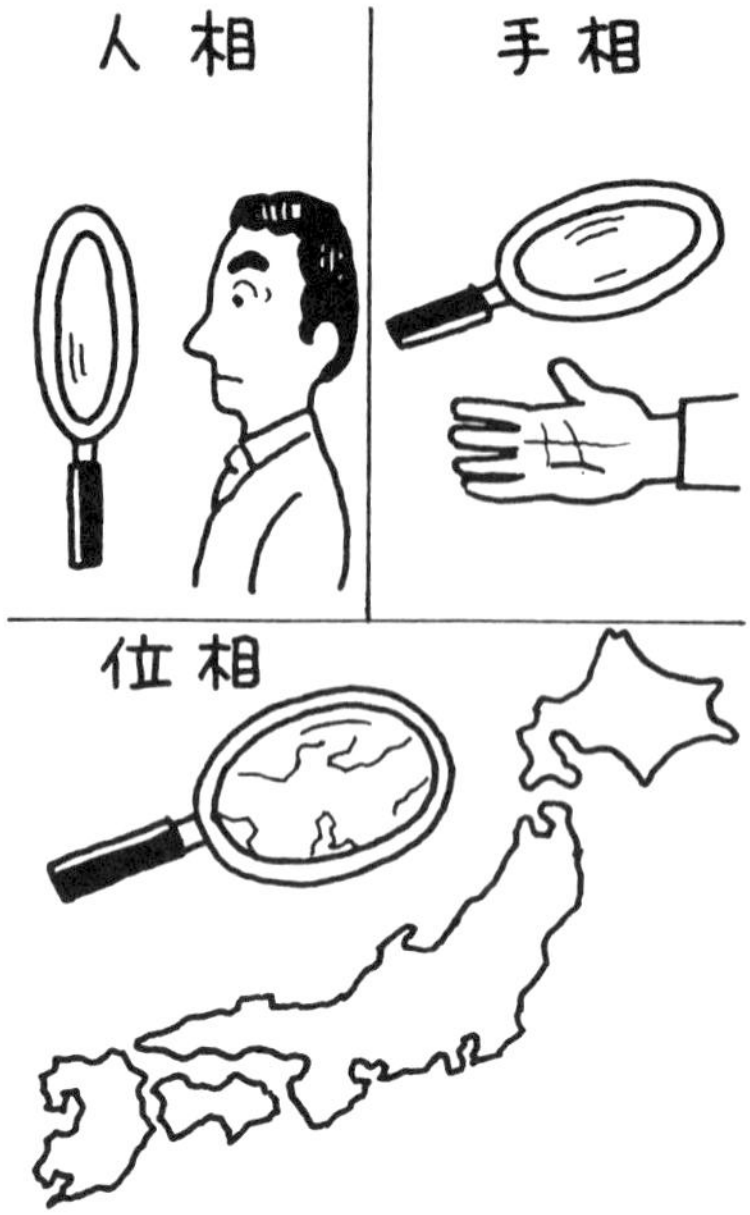

二〇世紀の新しい数学については、サンプリング、カタストロフィー、フラクタル、カオス、ファジィ、あるいはコンピュータ・グラフィック、……

など、日本語に訳さず、原語のままを片仮名で使用する習慣がある。こうした傾向からもトポロジーの語をそのまま使用することにしたい。

トポロジーの図形上の特徴を一口でいえば、〝線はゴムひも、面はゴム膜、立体は粘土〟ということで、その点、ユークリッドの図形と異なり、変形自在なのである。

禁止事項は、ただ一つ「切ったり、穴をあけたり、つけ加えたりしない」こと。そのような手を加えると、別の図形になってしまう。左の表でこれを確認しよう。

トポロジーの基本

図形	同相	似て非
線 	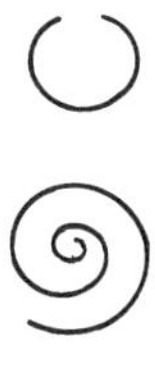	
閉平面 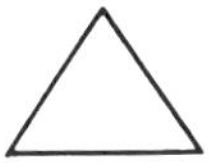	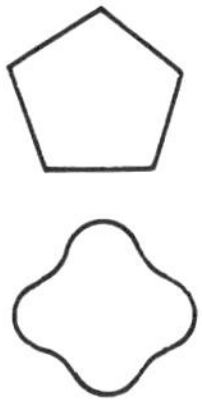	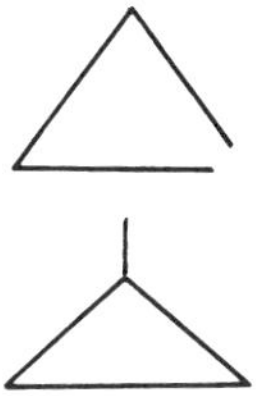
立　体 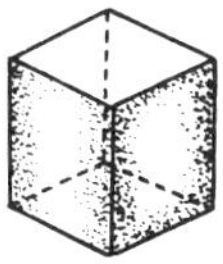	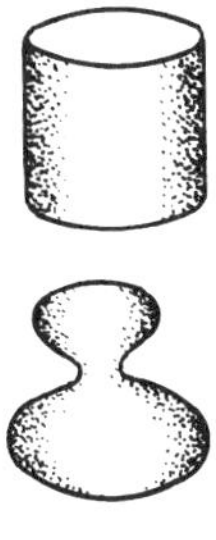	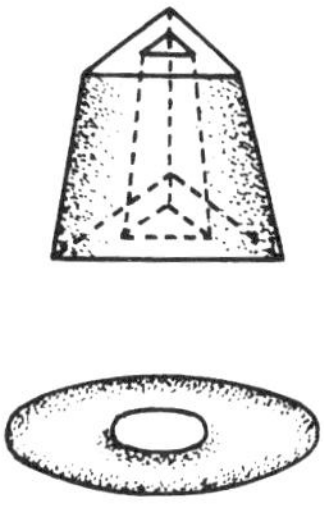

（注）切ったり，穴をあけたり，つけ加えたりしてはダメ。

三須照利教授は、「『トポロジー』とはナント、**メルヘンな数学**だ!!」とひどく感嘆し愛好している。

『トポロジー』はまるで、童話や詩の世界のように、自由な思考、楽しい発想ができ、思わぬ発見があるというのである。

この世界では、いくつか対立するものが登場する。

表	内部	閉じている	連続している	穴がない	同相
裏	外部	開いている	切断している	穴がある	異相

わかりやすい例をいくつかあげてみよう。

最後はどうなる？

2匹の蛇

鏡の前で自分を写生した絵

落語『あたま山』

さくらんぼの種を食べたら頭の上にはえ，人々が桜見物にきてうるさいので，それを抜いたら頭に池ができた。人々がそこへ釣にきて，うるさくてしかたがない。という話。

最後は自分の頭の池へ裏返しに飛び込み自殺。

現代社会では、コンピュータの配線や複雑な交通網などの「ネット・ワーク」が大きな問題になっている。

人工衛星では、配線の工夫で十余キログラムも軽くなり、工場からいくつかの販売店まで製品を運搬するとき、上手な経路によるとトラックが何台も減らせること、など点と線でできるネット・ワークの研究は実用的である。

しかし、それはなかなかの難問で、複雑な多数の線を同じ平面上で交差しないような工夫は容易ではない。

これを左の簡単な問題で考えてみよう（答は次ページ）。

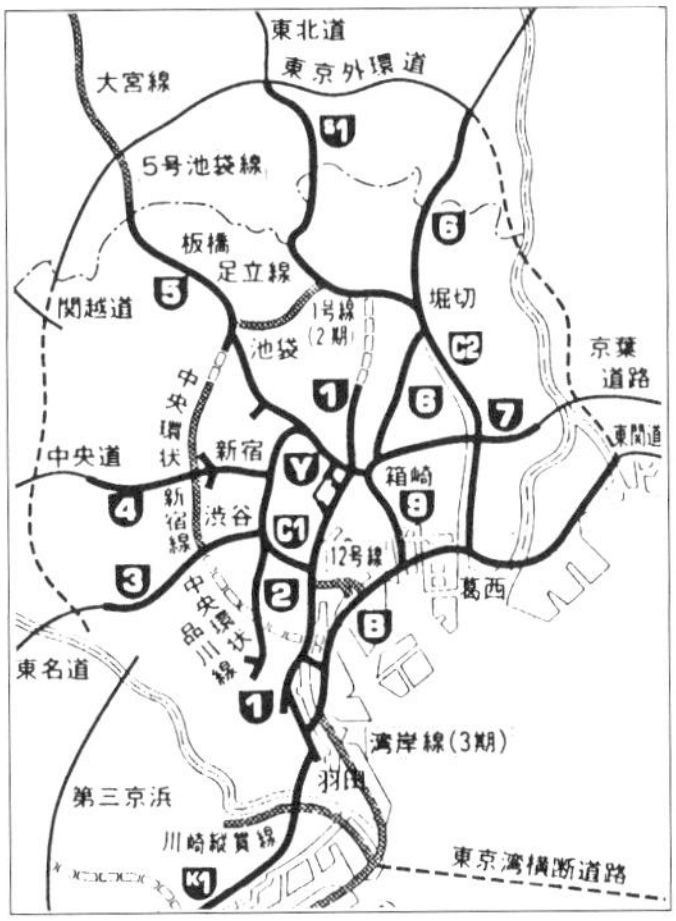

道路情報網（ネット・ワーク）

配線の工夫

同じ記号同士を，線が交わらないように結べ。

(1)

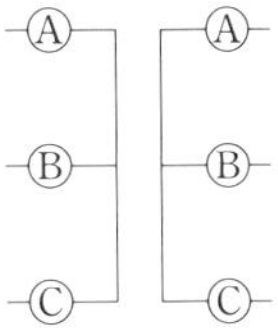

(2)

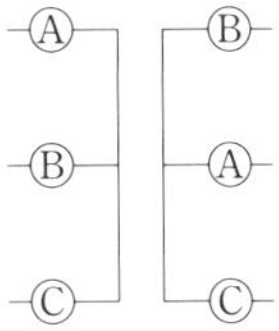

(3)

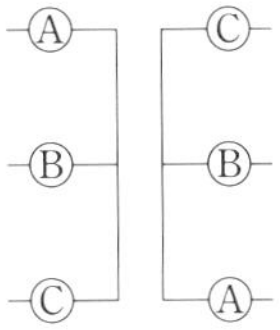

前ページの解

(1)

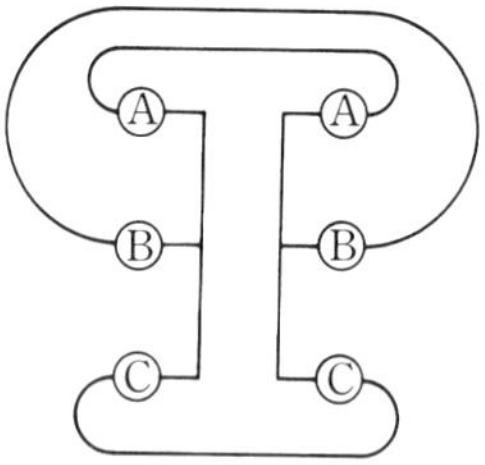

成功！

(2)

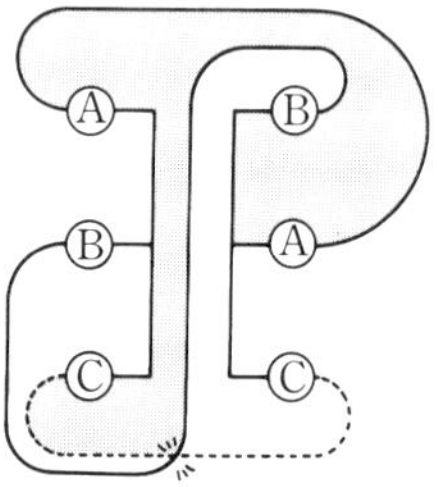

失敗！

(3)

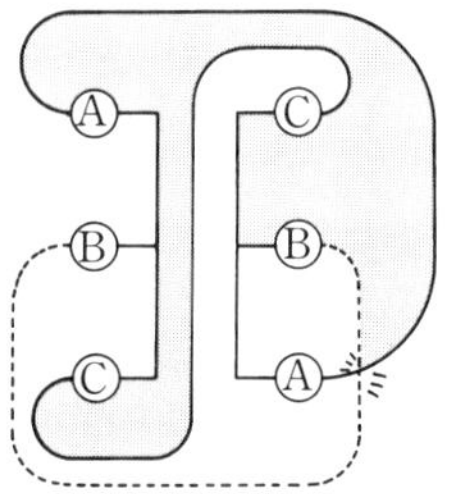

失敗！

右図のように(1)は可能であるが、(2)、(3)はできない。「できない」のは下手なのではなく、(2)のC、また、(3)のBはそれぞれ斜線囲みの内部と外部にあるため、他の線と交わることなく結ぶことができないのである。「内部」、「外部」という考えが、解決の〝鍵〟である。

変った迷路

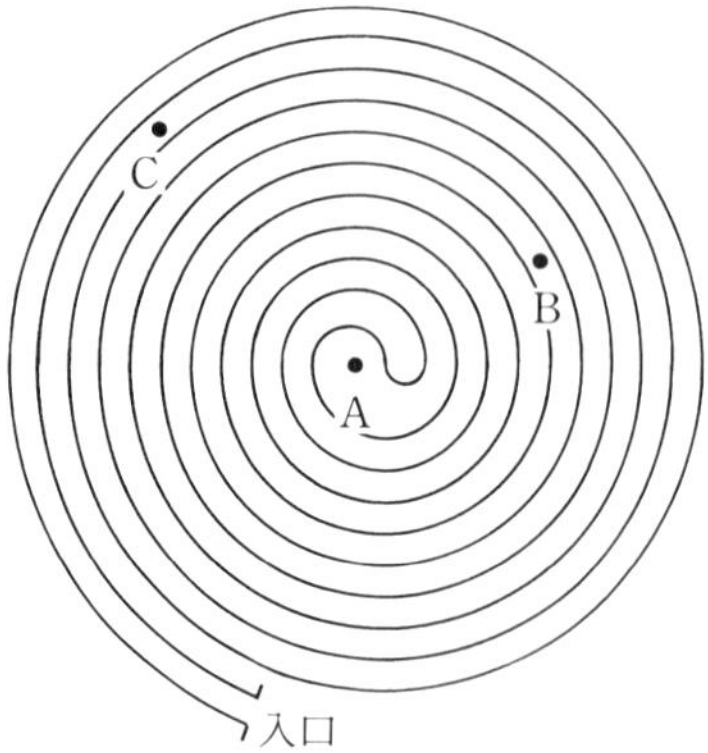

A，B，Cが移動したとき，

(1)　AとBは出会うか

(2)　AとCは出会うか

迷路に沿って調べるのではなく，トポロジーの考え方で調べる方法をいえ。

（ヒント）

トポロジーとしては、下の図はみな同相。

アミダクジ

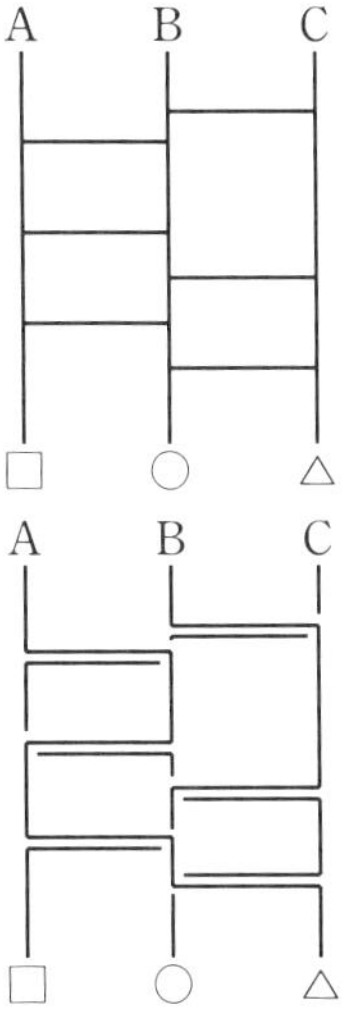

アミダクジや迷路は、『トポロジー』の研究対象になるが、これの線を上手に変形すると、その中にもっている興味深い性質が発見される。

アミダクジでは、それぞれまったく別の糸の集まりであることがわかるし、迷路では、一筆描きのときと同様に、偶数、奇数がきめ手となっているのが、おもしろい。

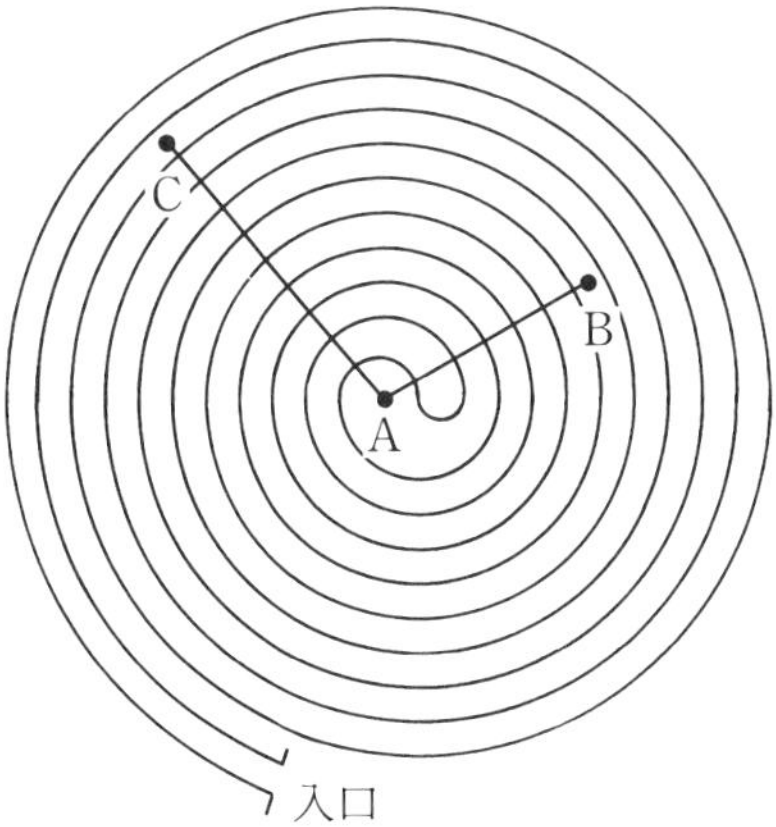

〔発見〕

ABは 6 本と交わる（交点の数が偶数個）
ACは 9 本と交わる（交点の数が奇数個）

上の図の迷路がゴム製とすると，入口から空気を入れたら……。

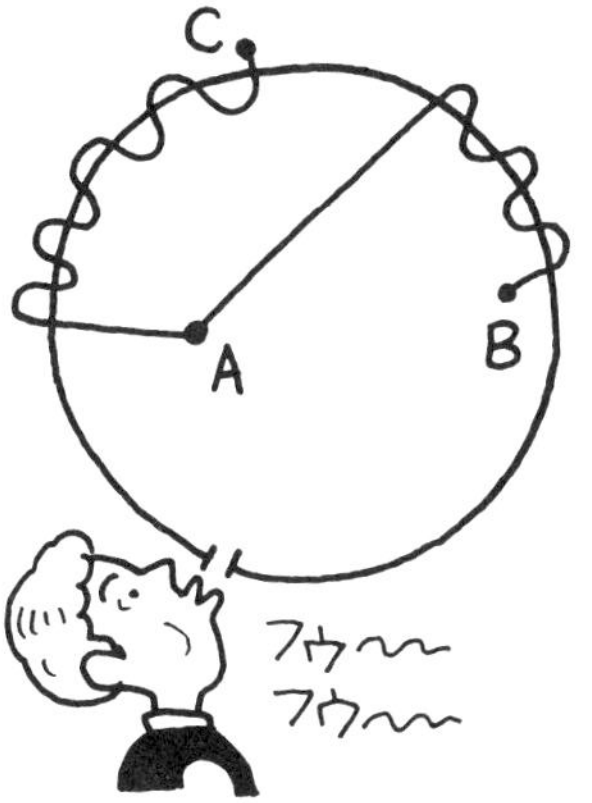

〔結論〕

交点の数が偶数個のとき 2 点は同じ側
交点の数が奇数個のとき 2 点は反対側

水夫や登山家の縄結び、織物工、メリヤス工の糸結びなど、「結び目問題」は古くからある。しかし、現代でも完全には解決されていない、やさしくて難しい問題である。

結び目を分類する数学の領域を『結び目の理論』という。

左を参考にして、いろいろ探してみよう。

(注)両端がつながっていない縄や糸では、必ずほどくことができる。

単結び(三葉環)

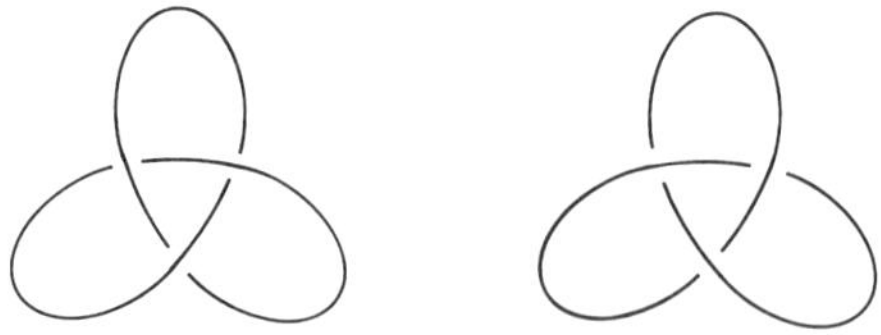

左結び　　右結び

二重結び

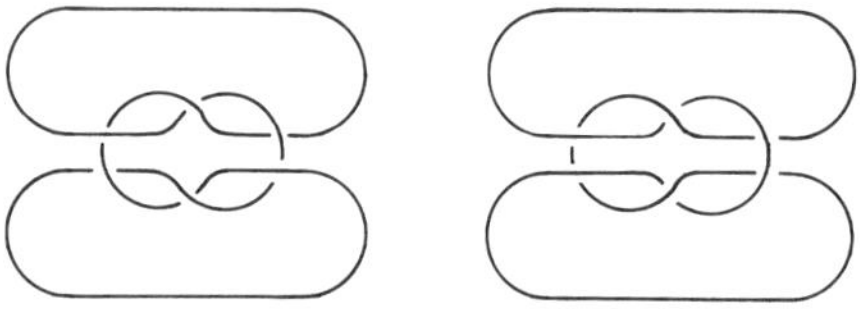

ふつうのもの　　水夫結び

〝家紋〞にある結び目

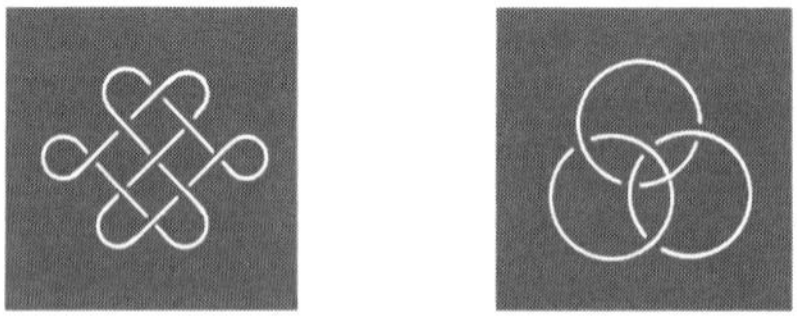

宝結び　　三つ金輪

ここで手品まがいのことをしてみよう。
包まれた内部のものを、外部へ出す、という手技である。

背広を脱がずに，下のチョッキを脱ぐワザ!!

右手を通す
チョッキを背中へ回す
左側へもってきて左手を通す
左袖から引き出す

海水着の中のパンツを見事にスラリー！

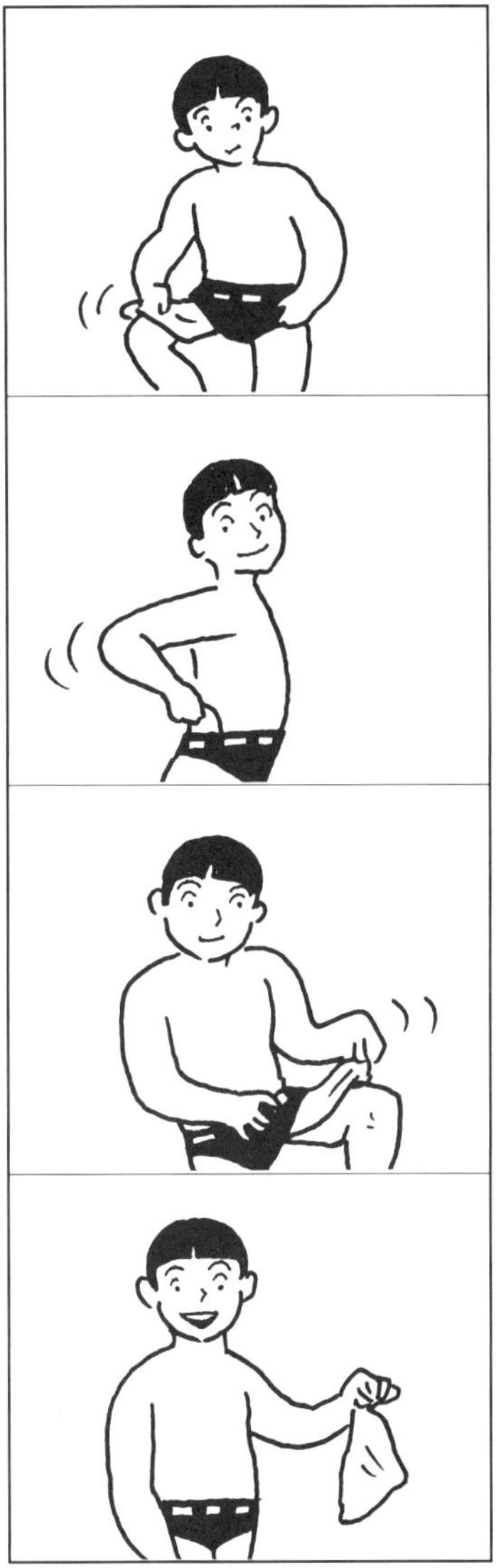

『トポロジー』の中で、もっとも有名で興味深く、しかも未解決の問題が〝地図の塗り分け〟問題である。

ヨーロッパでは一八世紀に多くの国が独立し、複雑で入り組んだ国境をもつようになった。

地図の印刷業者は、費用節約のため、印刷の色数をできるだけ少なくする工夫をしたが、数学者がこの問題に興味をもち、〝地図の塗り分け〟問題として挑戦するようになった。

四色問題

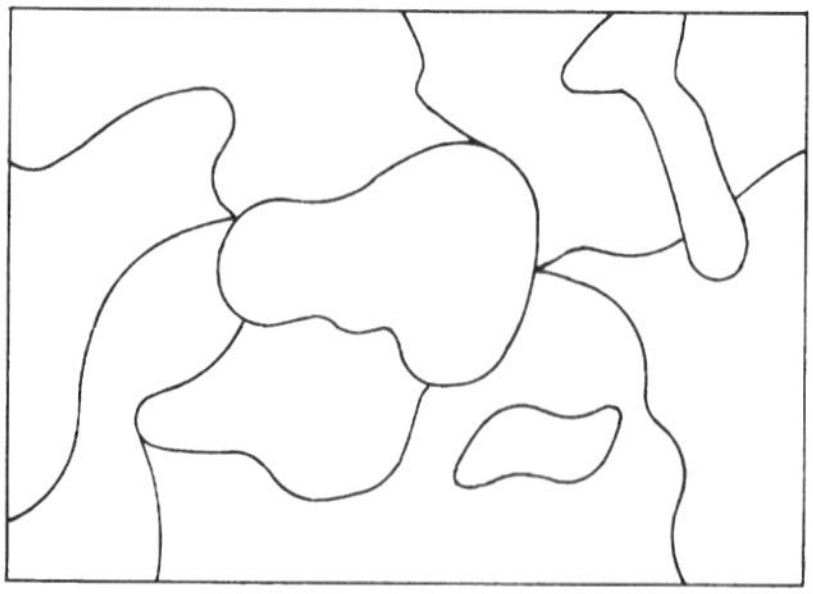

上の図を四色で塗り分けよ。

これには、一八四〇年にメービウス、一八五〇年にド・モルガン、一八七八年にケーリーら、有名数学者がいる。やがて「どんな地図でも五色で塗り分けられる」ということが一八九〇年ヒーウッドによって証明された。一九七六年にアメリカのイリノイ大学ハーケン、アペルの二教授が、すべての地図を約二〇〇〇種類に分類し、大型コンピュータを一二〇〇時間動かし、これらすべて四色で塗り分けられることを実証した。当時使用料だけで二〇億円かかったという。

しかし、数学界では「論証こそ真の証明」という考えであり、しかも方法が不十分であったこともあって、問題は未解決のままになっている。

第3章

ドイツ、メルヘン数学への航海

↑
← 躍動する繁栄都市には
銀行，証券などの金融機関が多い

ハンザ同盟の盟主で
ドイツ最大の都市
「ハンブルク」

倉庫群 →

↓ 港

一、ハンザ同盟の通商活動

『商業算術』の中味

現代の計算法の基礎を作ったものの一つに『商業算術』があるが、これは商業活動の活発な都市で必要から誕生し、発展して完成したものである。

そこで、計算法のことを知るには、通商で躍動した社会に目を向ける必要があるが、これは近世ヨーロッパのハンザ同盟での商業活動を調べることである。

しかし、このハンザ同盟の基礎には『ギルド』があるので、〝風が吹けば桶屋がもうかる〟論法ではないが、〝計算法を知るには、まずギルドから〟、それが三須照利教授の今回のドイツ旅行の目的の一つであった。

一二～一四世紀頃、南北の二大貿易圏をつなぐ陸上交通路の要地では、遠隔地商人、小売商人、手工業者たちが業種別にギルド(guild 同業組合)を作ったのである。この目的は、相互扶助、商工業の独占、自由競争などの禁止、製品の品質・規格・価格さらに労働時間、使用人数など、規約をきめて、商業上の団結と生活向上のためであった。

やがて一四～一六世紀に、北ドイツ、バルト海沿岸の都市が、商業上の特権、独占、販路の拡張など、共同の利益をはかるために『ハンザ同盟』を結成した。

ハンザとは「旅商人の仲間」の意味であるという。

加盟都市は九〇近くになり、陸海軍を設けて商路を守り、封建諸侯と対抗し、おおいに活気を呈したが、後に、イギリス、オランダなどの新興国家の台頭に押され、一六世紀には、同盟の力は弱まってしまった。

現在でも、リューベック、ハンブルク、ブレーメン、ケルンの四市は、公式には「ハンザ自由都市」とよばれる。

ハンザ同盟
（80〜90都市）

同盟の創始都市　リューベック、ハンブルク、ブレーメン、リガ、ダンチヒ、マグデブルク、ケルン、フレスラウ、クラカウ（下図の●印）、外地ハンザとしてロンドン、ブリュージュなど

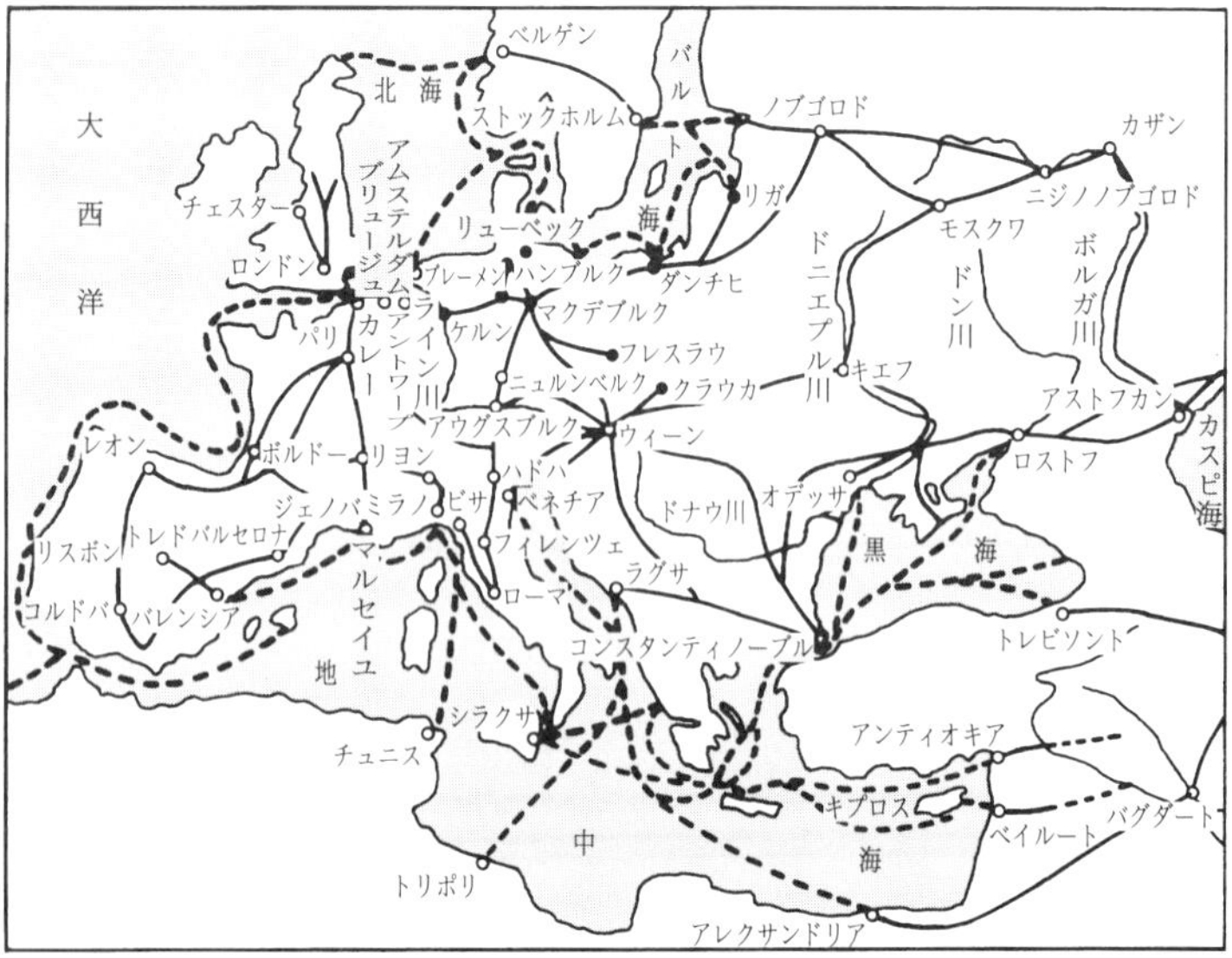

ハンザ同盟（●印）と中世後期のヨーロッパ通商路

ブレーメンの風車

中世都市の二種類の貿易

- 14世紀〜 **北方貿易**（北欧型都市）
  - （都市と周辺農村との相互依存関係）
  - 輸入：毛皮、木材、鉱石、海産物
  - 輸出：羊毛、毛織物、ぶどう酒、蜂蜜
- 13世紀〜 **東方貿易**（南欧型都市）
  - （仲介貿易が主）
  - 輸入：絹織物、香辛料、宝石、象牙
  - 輸出：銅、銀、毛織物

ハンブルク庁舎前広場でのお祭

前ページの「中世都市の二種類の貿易」の左側（北方貿易）が『ハンザ同盟』そして輸出入の品物である。これらの通商ではいろいろな数学の知識、学力が必要である。

ドイツでは、ハンザ同盟以外でもアムステルダム、ニュールンベルク、アウグスブルク、フランクフルトなどが商業都市として繁栄し、商人たちは進んで『商業算術』を学んだ。

三須照利教授は、当時の商業算術の内容に興味をもち、旅行した都市の書店で資料を探し歩き、何冊かの本を購入することができた。

時代によって多少異なるが、大別すると、

(一) 基本的で最少限の知識と計算に関するもの
(二) 商取り引き上の記録や貸借関係のもの
(三) 大がかりで高級な品物の通商に関するもの

の三種類があることを発見した。

さて、あなたは、これらについて、どのような内

➔ リューベックのホルステイン門

『商業算術』の内容

(1)　四則，諸等数，度量衡，比例，三数法，仮定法

(2)　合資算，混合算，両替，利息算，簿記，割引，家賃

(3)　手形，為替，小切手，株，債券，保険，税，証券

容がわかるであろうか？

　ある人は、上のような内容がどうして算術（数学）なのか、と思うかも知れない。現代の日本の算数、数学の教科書の中にはほとんどこのような内容がないからである。

　しかし、戦前の算術では(1)の内容に重きをおいたし、戦後十年間ほどの教育――単元学習――の教科書では、(2)、(3)が中学、高校の内容として学習されていたのであるから、数学の内容の一部といっても、

第1章　中学校数学科の一般目標と指導内容
第9学年(中学3年)

生活経験	理解および能力	用語
⑧社会,あるいは国家に関して,日常に行われる経済行為や現象について理解したり,それに関する仕事や計算をしたりする。 (例) ○国の財政について理解し,自主的に納税に協力するために税率を知って,自分の家の税額を計算して，申告する。 ○自分の将来の安全を図ったり,社会の不安を協力によって除いたりする方法として,保険について調べる。 ○銀行などの金融機関が,社会における事業に対して果している役割を調べる。	○利息計算に必要な要素の間の関係および単利と複利との関係を理解し,これを用いて利息の計算をする。また，このとき,複利表を用いたりする。 ○手形・小切手などの意味と社会における役割を知り,これに関する割引計算などをする。 ○いろいろな保険制度などについて理解し,これに関する計算をする。 ○いろいろな経済変動を,指数を用いて調べる。 ○国や自治体などの予算や決算の見方を知る。	○税，税率 ○銀行割引 ○割引率 ○手形 ○小切手 ○かわせ ○保険, 保険金, 保険料, 保険料率

〝生活単元学習〟時代の昭和26(1951)年頃の学習指導内容の一部

不思議でも誤りでもない。

三須照利教授は、かつて、イタリアの三大海運都市――ベネチア、ジェノバ、ピサ――が十字軍の運搬協力時代（一一世紀）、その人、馬、武器、物資の輸送費用と帰りの東方物資の輸入品とで、莫大な利益をあげて大変繁栄し、その後も通商都市として発展したのを知って旅を続けた。

これらの都市の港湾近くには、昔をしのばせる古びた銀行、証券会社、保険会社といった金融機関の建物が並び往時の躍動社会を想像させたが、これからも通商と『商業算術』（金銭計算）とが、切っても切れない関係にあることを知らされたものである。

このイタリアの一三世紀には、商人フィボナッチが、「インド―アラビア」系の0《ゼロ》による位取り記数法と筆算法をまとめて、『Liber Abaci』（計算書）という名著を作った。

『計算書』の目次

1 インド―アラビア数字の読み方と書き方
2 整数のかけ算
3 整数のたし算
4 整数のひき算
5 整数のわり算
6 整数と分数とのかけ算
7 分数と他の計算
8 比例(貨物の価格)
9 両替(品物の売買)
10 合資算
11 混合算
12 問題の解法
13 仮定法
14 平方と平方根
15 幾何と代数

東方貿易(11〜15世紀)

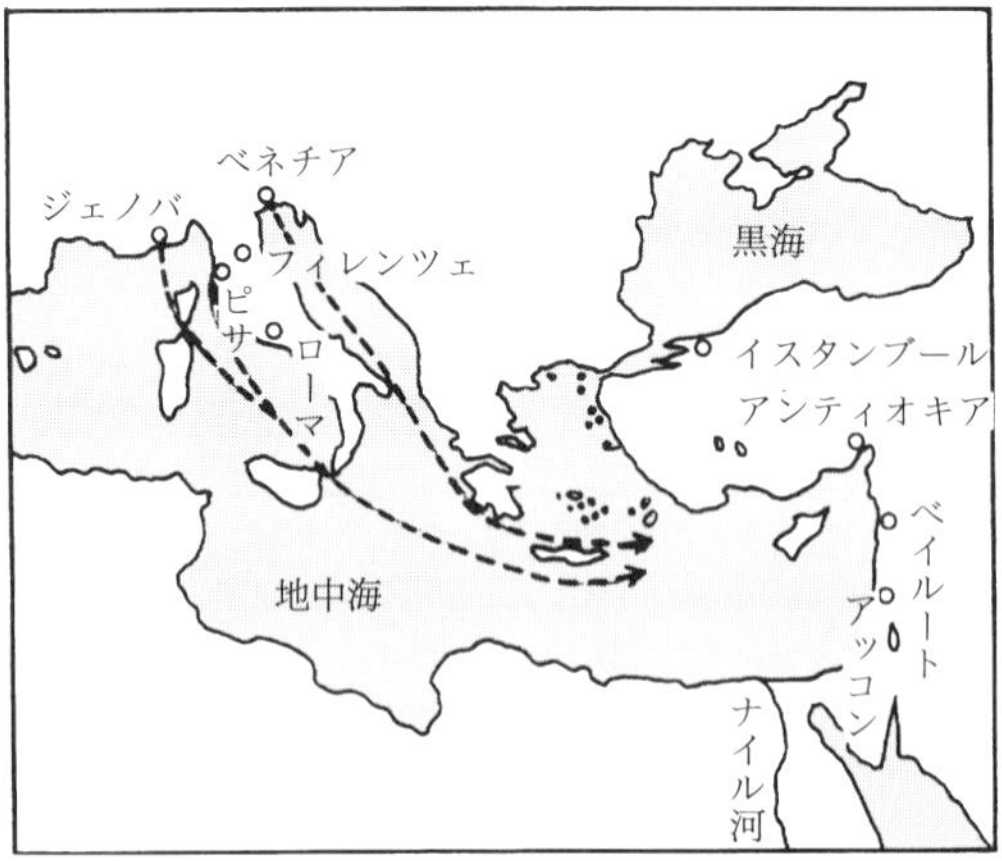

これは後世に大きな影響を与えただけでなく、たくさんの類書も出版された。加えて、

古典的**算盤派**（abacist ソロバン・ローマ数字派）
進歩的**筆算派**（algorithmist インド―アラビア数字派）

と両派が一三〜一八世紀の五百年にわたって相争い、ときに公開試合もおこなった。

この東方貿易地の影響を受け、北方貿易地の『ハンザ同盟』各都市では次々と「習字計算学校」や「商業学校」が創設され、ここで教える教師として、〝計算師〟（計算教師、計算親方ともよんだ）が誕生した。

一五世紀に入ると、ドイツの計算師たちが続々と商業計算書を出版した（イタリア、イギリスの計算師も活躍した）。

左が筆算派，中央が算盤派の人，右は立会人（アダム・リーゼの本より）。

一四八二年　ワグネル『計算書』（最初の商業用印刷本）
一四八九年　ウィドマン『全商業のための機敏にして親切な計算』（初めて＋、－の記号使用）
一五一四年　ケーベル『小計算書』
一五二二年　アダム・リーゼ『計算器およびペンによる計算』
一五八三年　クラヴィウス『算術』

計算師の中には、ウィドマンのほか、グランマチウスやアピアンなど大学教授もいて、商業算術の本を執筆している。

"nach Adam Riese"

〝アダム・リーゼによれば〟これが上のドイツ語の意味である。ドイツでは有名な言葉である、といわれるが、それは何を述べているのであろうか。

計算師アダム・リーゼ（一四八九～一五五九）は、優れた計算力をもっていて、その速さと正確さには広く定評があった。そこで、〝正確なこと〟の保証として「アダム・リーゼによる」という言葉が使われるようになったという。

日本でいえば、〝弘法大師によれば〟〝菅原道真によれば〟などといったようなものと考えたらよいであろう。「絶対の信頼」の代名詞のようなものだが、これを別の見方をすると、当時〝正しい計算〟が容易な技でなかったことを語っていたともいえよう。

当時、計算の指導教育は次のようなところでおこなわれた。

㈠　民衆学校（貧民の子弟用）読み書き、計算、音楽、宗教 ｝無料
㈡　自国語初等学校（市民中心）読み書き、実務上の勘定と算術 ｝無料
㈢　ラテン初等学校（月謝を支払う）――右と同じで、レベル高い
㈣　高等科学学校（貴族の子弟）｝高級な内容
㈤　中等学校（グラマー・スクール、ラテン学校）｝高級な内容

その他、寺院学校でもおこなわれた。

二、海外進出と天文学

〃計算師〃の創案

一三世紀頃イタリアから始まった東方貿易、一四世紀頃ハンザ同盟が始めた北方貿易。これらはその必要から『商業算術』を充実、発展させてきた。それによって〃計算法〃に大きな進歩があり、計算師という専門職が生れ、計算に関する本が出版され、また計算学校もできた。

一五世紀に入ると、コロンブス（イタリアのジェノバ出身）らによって端を発した、いわゆる〃大航海時代〃の幕開けとなり、先進各国が海外進出に参加した。

第一期　イタリア
第二期　スペイン、ポルトガル
第三期　イギリス、オランダ
第四期　フランス、ドイツ、（ロシア）

○この順は国内が安定した順で、内乱状態では海外へ出られない。
○ロシアは港を求めて北海や黒海へ進出した。

ドイツは、国内がまとまらなかった上、「宗教戦争の最大にして最後」といわれた〃三十年戦争〃（一六一八～一六四八）で国勢がなく、海外進出への参加がおくれた。

三須照利教授は、ドイツがおくれながらも、他国にはみられない力を発揮したことを発見し、その民族性に感嘆したのであった。
さて、その民族性とは何であろうか？
その解答は、少し先を読み進んだ後、あなた自身で発見してもらうことにしよう。
まずは、大航海時代に必要な数学とは何かを考えてみよう。
大西洋を始め、太平洋、インド洋などの大海への航海はきわめて危険、いや命がけの旅であった。

大航海の難事!!

上に示すように、各種の危機が待ちかまえているので、航海では、まず安全な航路をとることが必要であり、そのためには天文観測が不可欠であった。

天文観測の結果から、いわゆる天文学的計算の素早い処理が必要である。しかし、当時の計算は『アバクス』（ソロバンの元祖）でのんびりやっていたのであるから、これではとても間に合わないのである。

（大航海の実行）→（安全な航路）→（天文観測）→（天文学的計算処理）→（計算師の活躍）

ここにかの〝計算師〟たちが大活躍することになる。

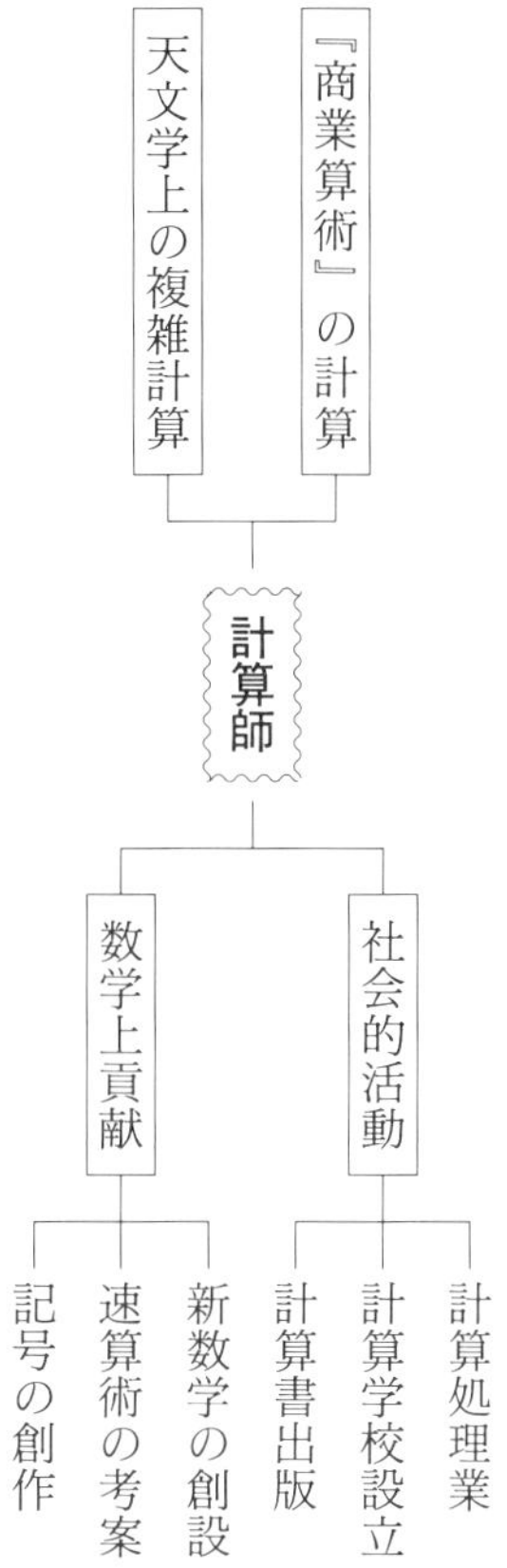

当時、ヨーロッパで技術上の三大発見といわれた羅針盤、火薬、印刷術に対して、数学上の三大発見といわれたのが、**十進位取り記数法**（本来はアラビアからの輸入品）、**小数**、**対数**である。

一五世紀以降のドイツの計算師、天文学者とその業績を紹介しよう。

計算師として記号創案は、

○ウィドマンが一四八九年に＋、－

○ルドルフが一五二一年に$\sqrt{\ }$（ドイツでは円周率を「ルドルフの数」という）

○ライプニッツが一六九八年に●（乗法、今日の×）、その他、y、$\int$、d

また、一筆描き（五六ページ）で登場した一八世紀のオイラーはπ、i、e、∞など

天文学者として活躍した人々として、

一五世紀では、

○ポイルバッハ（一四二三〜一四六一）は、ウィーン大学教授で、古代ギリシアの天文学者プト

レギオモンタヌス

16 census *et* 2000 aequales 680 rebus

そして　　等しい

↓　　↓

$$16x^2 + 2000 = 680x$$

文章でかいていた式を記号の式にする。

（注）　筆記体で*et*を速く書くと＋になる。

レマイオスの名著『アルマゲスト』の翻訳（中断）と、10′毎の『正弦表』、『算術書』出版の業績がある。

○ヨーハン・ミューラー（一四三六〜一四七六、通称レギオモンタヌス）は、ケーニヒスベルク生れで、一五世紀最大の数学者といわれる。ポイルバッハが中断した『アルマゲスト』の翻訳を完成し、また『三角法全書』を著作。**三角法**を数学の一部門として独立させたことで有名。

一六世紀に入ると、

○ミカエル・シュティフェル（一四八六〜一五六七）は一六世紀のドイツ最大の代数学者といわれ、『算術大全』の著作がある。修道士で、数の神秘主義者であったことから、聖書を分析して、「一五三三年一〇月三日に〝この世の終り〟がある」と発表し大騒動を起したこともある。

○ゲオルグ・ヨアヒム・ラエティクス（一五一四〜一五七六）は、ウィッテンベルク大学数学教授であったが天文学研究も深め『三角法正典』を出版し、初めて正割表を作り、一二年かけて三角比表を完成した。

一七世紀に入ると、

○バウトロメウス・ピチスクス（一五六一〜一六一三）は、正弦表を完成させ『三角法』を出版する。また、記号f、dx、Σなどを考案する。

『対数』の原理

$$\underline{81.92\times95.63}$$
$$=0.8192\times0.9563\times10000$$
$$=\sin55^\circ\times\cos17^\circ\times10000$$
$$=\frac{1}{2}\{\sin(55^\circ+17^\circ)+\sin(55^\circ-17^\circ)\}\times10000$$
$$=\frac{1}{2}(\underline{0.9511+0.6157})\times10000$$
$$=0.7834\times10000$$
$$=7834$$

三角比表より
公式より
三角比表より

乗法問題が，三角比表によって加法計算で答が出た。

○ケプラー（一五七一～一六三〇）は天文学者として著名であり、そのため計算に力を入れ、『対数表』の作製にも力を入れた。また、ブドウ樽の容積測定で有名であるが、これは後述する。

○ライプニッツ（一六四六～一七一六）は哲学者、微積分学者として知られている。計算器を創案。

一八世紀のドイツ数学界はふるわなかったが、一九世紀になると、

○ガウス（一七七七～一八五五）――三二ページ参考――が、ゲッティンゲン大学の天文台長として活躍。

以上、ドイツでは多数の天文研究者を輩出したが、その特徴は「三角比表」「対数表」を作るという大変根気のいる仕事に従事した学者が多く、その後の数学の発展に貢献すること大、であった。

対数による計算（ネピア考案，1614年）

81.92×95.63

$x = 81.92 \times 95.63$　とおき、両辺の対数をとる。

$\log x = \log 81.92 + \log 95.63$　　位取りをずらし、対数表より

$\log 8.192 = 0.91331$

$= 1.91331 + 1.98051$　　$\log 9.563 = 0.98051$

$= 3.89382$

$= 3 + 0.89382$　　$\log y = 0.89382$

対数表より

$y = 7.83$

$x = 7830$　　位を3桁移動して

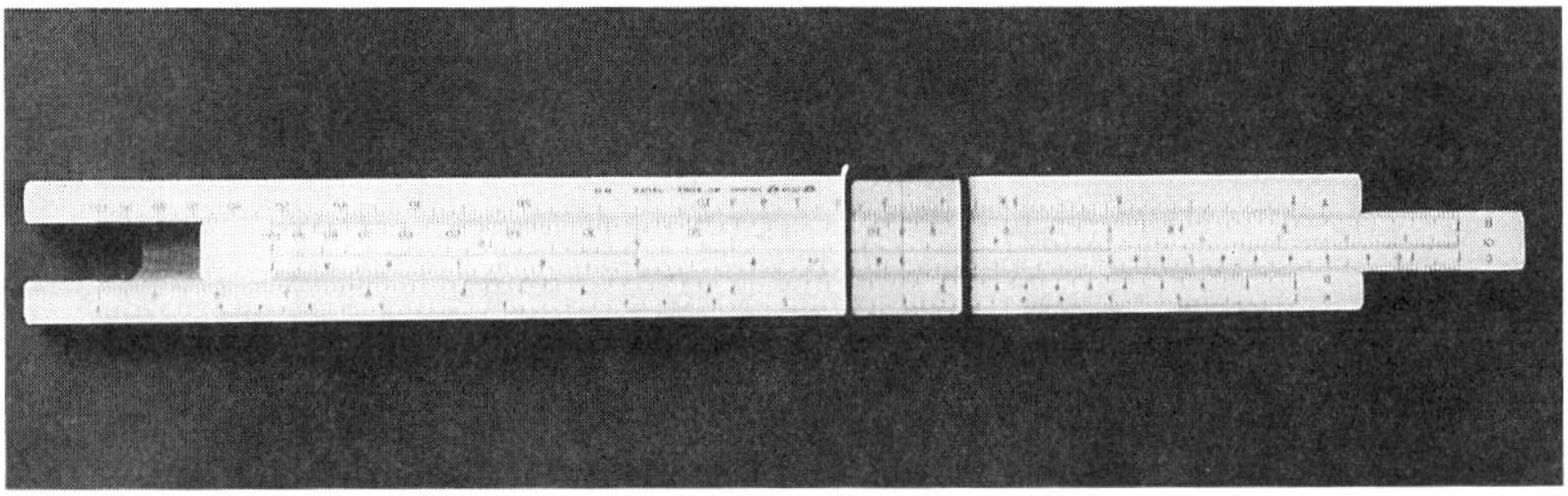

『対数』(log-arithmus 比の数）は、イギリスの数学者ネピア（一五五〇～一六一七）による発見で、彼は前ページの三角比の計算からのヒントでこのアイディアを得た。

これは、乗法、除法を加法、減法に、累乗、累乗根を乗法、除法に、と演算を一段階下げ、計算をやさしく能率よくする方法である。後にこの原理による計算器『計算尺』（写真）を聖職者で天文学者のガンター（一五八一～一六二六）が考案し、約二百五十年間、天文計算、建築設計計算ほかに用いられた。

秘話★裏話

計算の時代変遷

〝難事は除法なり〟――割算が難しかった頃、こんな言葉が世間でいわれた。

割算形式が、古代から一七世紀まで地中海で使われたガレー船に速さと形が似ていたことから『ガレー式除法』とよばれ、人々がその難事を乗り越えた。

現代の先進諸国では除法に悩まされている人はいないであろう。それどころか電卓でポンポンと頭も使わない。

〝天文学者の寿命を二倍にした〟（能率が二倍の意味）といわれた大発見は『対数計算』で、これは一六世紀にガンターが『計算尺』を創案し、世間に広く使用された。

しかし、これも電卓、コンピューターの開発で姿を消した。

これら計算器は、一七世紀にパスカルが『手回し計算器』を考案したことから始まり、そして次々と改良され計算は時代と共に、速く、また楽になってきたのである。

ガレー式除法

（例）

5
~~1 5~~
~~3 0~~
~~6 0~~
~~1 2 0~~

~~1 6 8~~
~~8 4~~
~~4 2~~
~~2 1~~
7

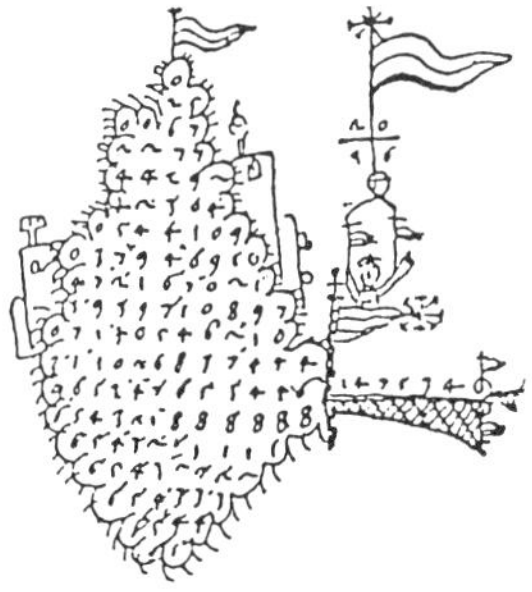

ガレー船は，中世のヨーロッパで，奴隷や囚人を鎖につないで漕がせた船。長さ50メートル近く，三段オールの大形船が多かった。ガレー式除法は，分数の分子，分母を２，３，５，……という小さい素数で上下順に約していく「約分法」である。

三、芸術の手法を数学化

透視図法の誕生

ヨーロッパの大航海時代に、安全な航路のために要求されたものは天文学的計算の処理だけではなく、正確な海図、そして世界地図の作製であった。彼らが長く慣れてきた地中海は、広い海といえども、ほぼ平面の世界であったが、大航海時代となると活動の範囲は球面の世界になり、その地図を作ることは、球の面を、平面にすることであり、作業は容易ではなかった。

特に図形のもつ長さ、角、面積、方向などの全てを正確に示すことは不可能であった。

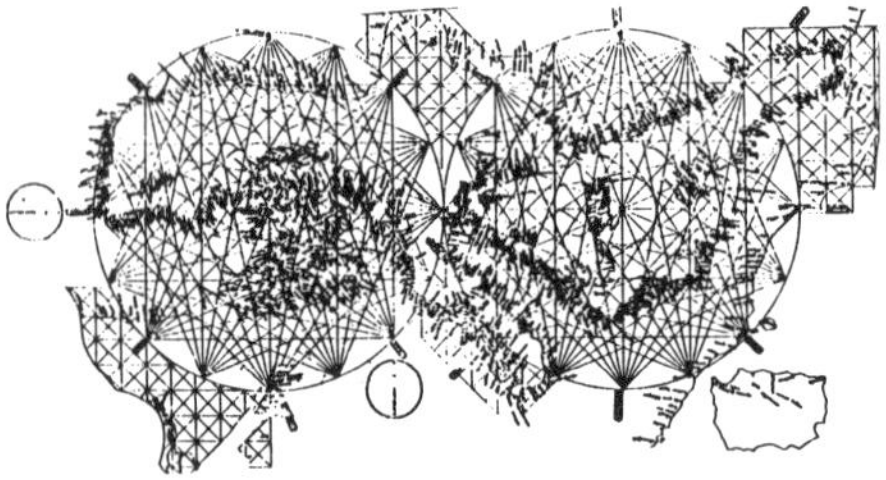

ポルトラノの放射線による「ピサ図」(14世紀)

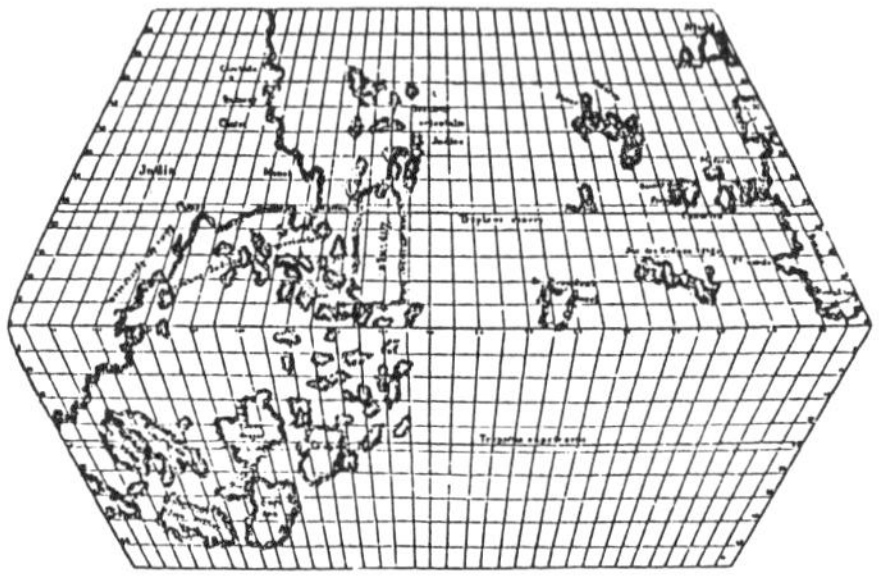

トスカネリ(天文学者，地理学者)の地図(15世紀)

球面を平面にする

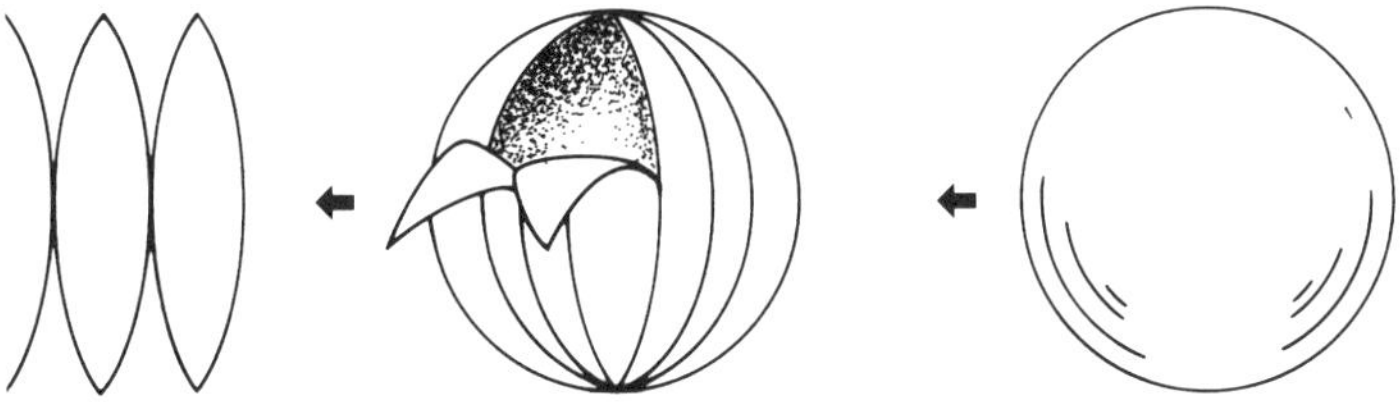

球面を平面にする例としては、ミカンの皮をむくことをイメージすればよいであろう——ホモロサイン（グード）図法がそれにあたる——。

しかし、これはすき間が多く、あまり適当ではない。

そこで左図のように球を円筒や円錐状の紙で包み、球の中心から光を発して球面上の地図を紙に投影する、という『投影法』が考案された。

これらにもそれぞれ欠点があるので、使用目的別に、数十種

(1)　円筒図法

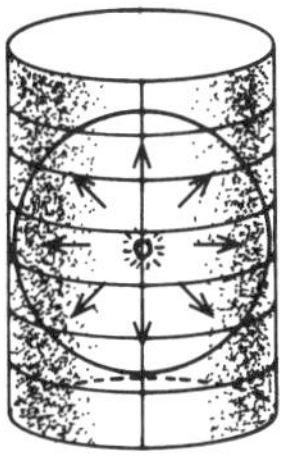

(2)　円錐図法

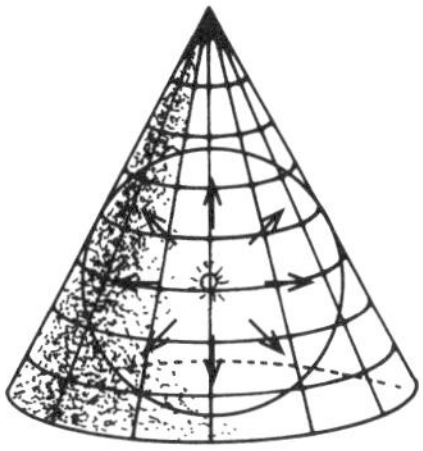

(3)　方位図法(図略)

類の地図が作られているのである。使用目的とは、距離（長さ）、角（方向）、面積の、それぞれが正確に読みとれることで、円筒図法の中にも、左のように各目的に応じた図法がある。

円筒図法のいろいろ（方眼の形が異なる）

1　距離の正しい投影法

簡単円筒図法

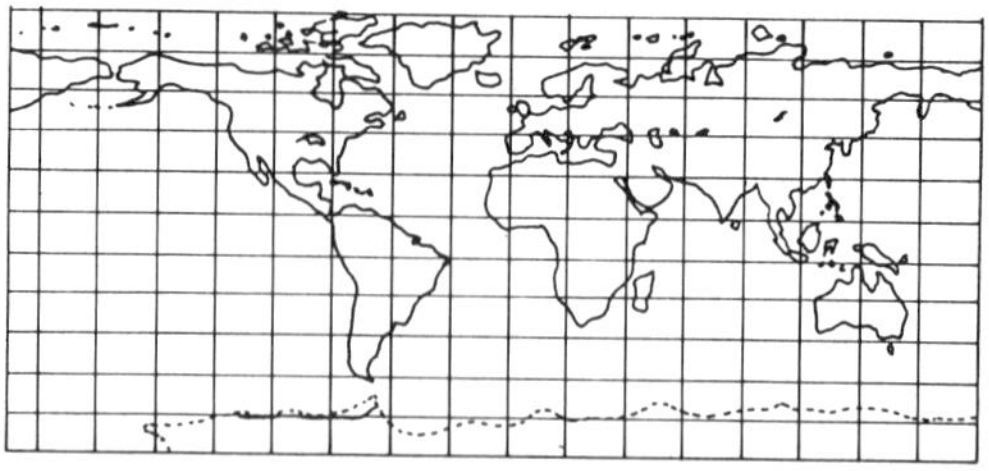

2　角の正しい投影法

メルカトル図法

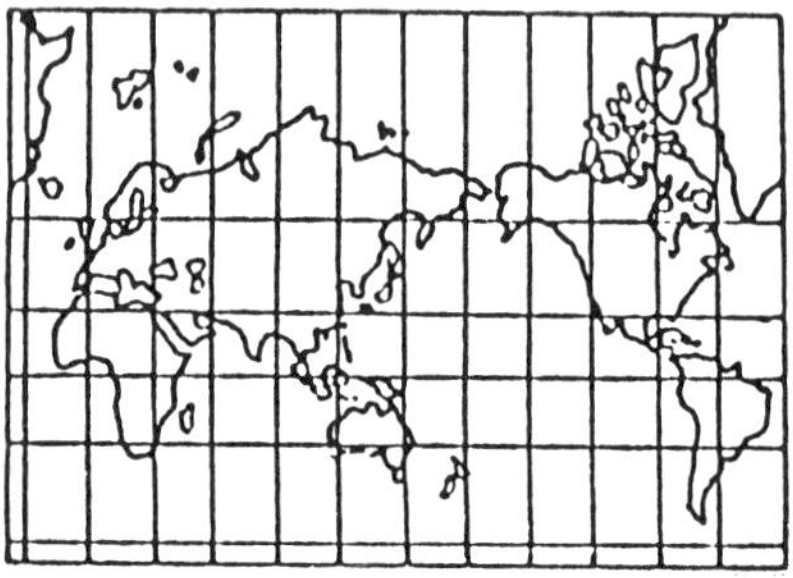

3　面積の正しい投影法

ランベルト正積円筒図法

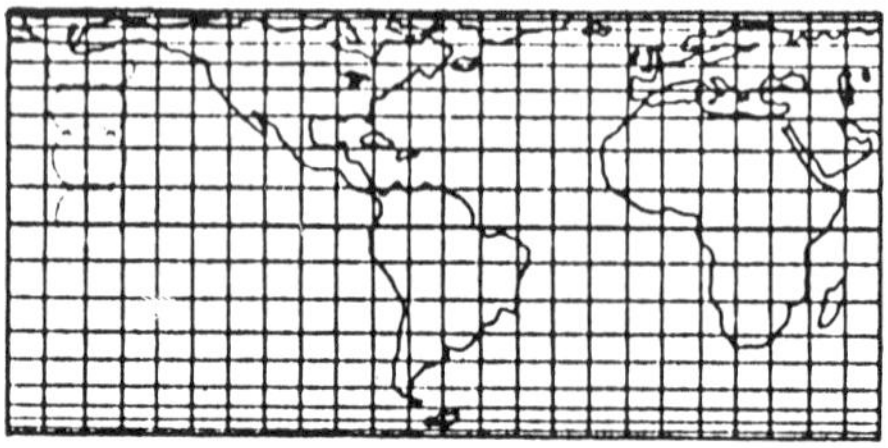

〝世界地図といえば『メルカトル図法』〟といわれるほど有名なものは、オランダの地理学者グルハルドウス・メルカトル（一五一二〜一五九四）が、一五六九年に考案したものである。

この『投影法』の考え方は、後に数学界で新しい幾何学を二つも創設させることになるのであるから、数学愛好家はこの功績を忘れることができない。

だが、この『投影法』のアイディアは、地理学者の発案ではなく、これの百年も前のイタリアのレオナルド・ダ・ヴィンチ（一四五二〜一五一九）が絵画の「遠近法」を導入した『透視図法』の研究がその始めといえよう。

彼は〝射影と切断〟の考えを導入し、有名な名画『最後の晩餐』などに、その手法を用い、画法に大きな一歩前進をおこなったのである。

さて、ここでようやくドイツ人の登場である。

〝ドイツのレオナルド・ダ・ヴィンチ〟とよばれた人間である。

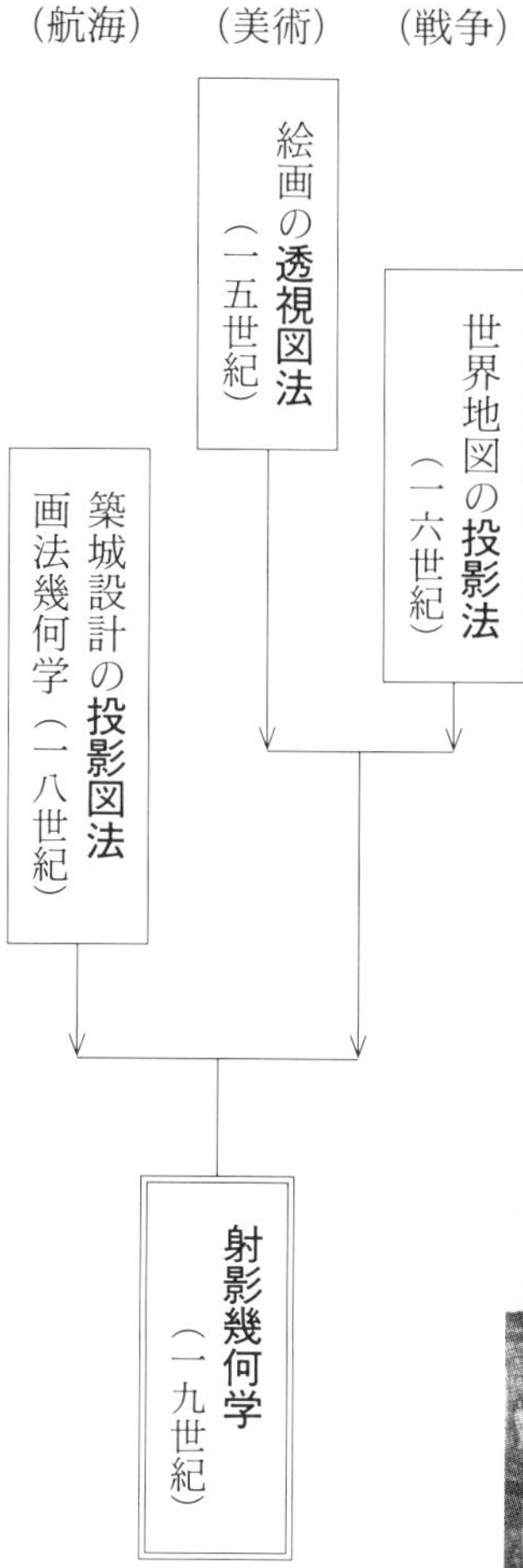

遠近法による絵
クロード・ジュレ『落日の港』（1639年）

芸術家、彫刻家、数学者、幾何学者、築城学研究者、人体比例研究者と多才な能力をもったアルブレヒト・デューラー（一四七一〜一五二八）がその人である。

彼はニュルンベルク生れで、数回イタリアへ旅行して〝イタリア・ルネサンス〟の影響を受けたという。しかし、ドイツ人特有の深い芸術性や思索性で、独自の画風を創りあげたのである。

数学の面からみて興味深いのは、銅版画『メランコリア』（ゆううつ）の中の魔方陣に、製作年を入れ込んだ工夫や、難しい作図への挑戦である。

銅版画『メランコリア』

上の絵の中の魔方陣（四方陣）

16	3	2	13
5	10	11	8
9	6	7	12
4	15	14	1

製作年が1514年である。

幾何学者として、次の研究がある。
○正七辺形、正九辺形の近似作図
○エピ（外）サイクロイドの作図

正九辺形

エピサイクロイド

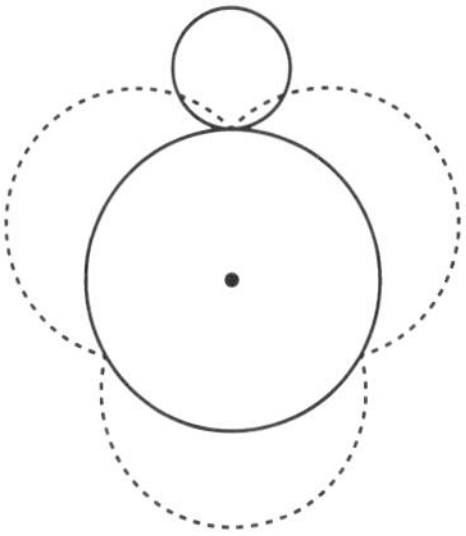

彼はレオナルド・ダ・ヴィンチと同様、絵を描くのに『透視図法』によった。

この透視図法は、二五〇年後に、フランス生れだが生涯ドイツで過したラムベルト（一七二八～一七七七）が研究を継承した。

余談であるが、彼には彗星運動の研究、円周率πが無理数であることの証明（一七六八年）などの功績もある。

『透視図法』による絵の製作

さて、話を『投影法』のその後について述べることにしよう。

一〇一ページの表にあるように、この考えは、絵画と地図との両方面から発達していったが、さらに、一八世紀にフランスのモンジュ（一七四六～一八一八）は、陸軍工兵学校で築城工事の設計をするとき、従来の複雑な計算法ではなく、作図法によるものを開発した。これが『画法幾何学』（通称、投影図、一七六五年）で、当時、〝軍の秘密〟として三十年間公にすることが禁じられたという。

彼は後にエコル・ポリテクニクの初代校長になり、このとき初めて画法幾何学の講義をしたという。画法幾何学は〝正投影画法〟である。

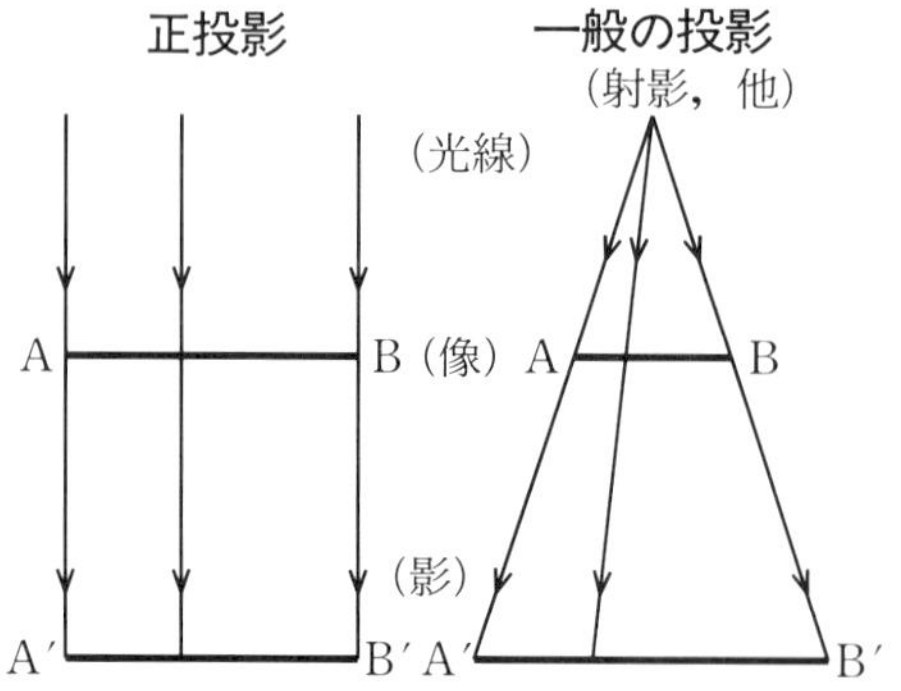

（注）正投影は一般投影の特殊な場合と考えられる。

時代は少しもどるが、フランスの建築家デザルグ（一五七三～一六六二）は、『射影幾何学』の基礎を築いたが、同じフランスのポンスレ（一七八八～一八六七）が、これを継承し、学問として完成した。

彼は若いとき、ナポレオンのロシア遠征に従軍し、敗退の折、シンガリ隊長として負傷して捕虜になったが、収容所の白い壁と暖房用の炭を使い射影幾何学の研究をし、一年半後帰国してまとめたという。

これをドイツのメービウス、ブリュッカーが引き継いだ。

四、ピヤ樽測定から積分

短冊にして集める手法

曲線で囲まれた面積

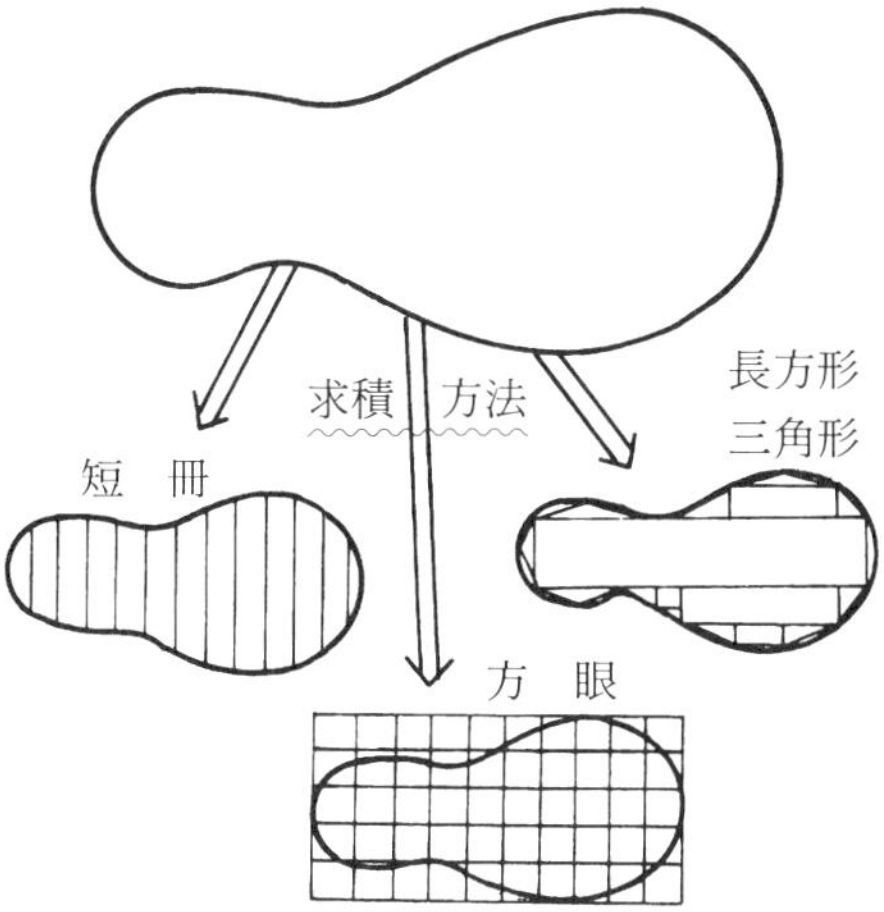

人間は、大昔から「曲線で囲まれた面積」をできるだけ正確に求める方法を工夫してきた。

古代ギリシアで幾何学が学問として形をととのえてきた紀元前六世紀頃から、この難問に挑戦する学者がふえてきた。

これには二つの方向があった。

㈠　デモクリトスの原子論

㈡　エウドクソス―アルキメデスの積尽法

この違いを一口で述べると、㈠は積極方法、㈡は消極方法で、これが長く後世の研究へ影響を与えていくのである。

『原子論』は、図形をこれ以上分解で

きないところ(原子)まで分解し、これらを加え合わせることによって、曲線で囲まれた面積を求める方法である。

一方、『積尽法』は、実験ほか何らかの方法で面積を得、それを背理法で証明する、という方法である。つまり、すでに得た答を確認することである（例、円錐の体積が円柱の$\frac{1}{3}$の証明）。

その後、アポロニウスは、下のような両側（上下）からはさむ方法で、その平均(極値)として真の値を求めることを考案した。

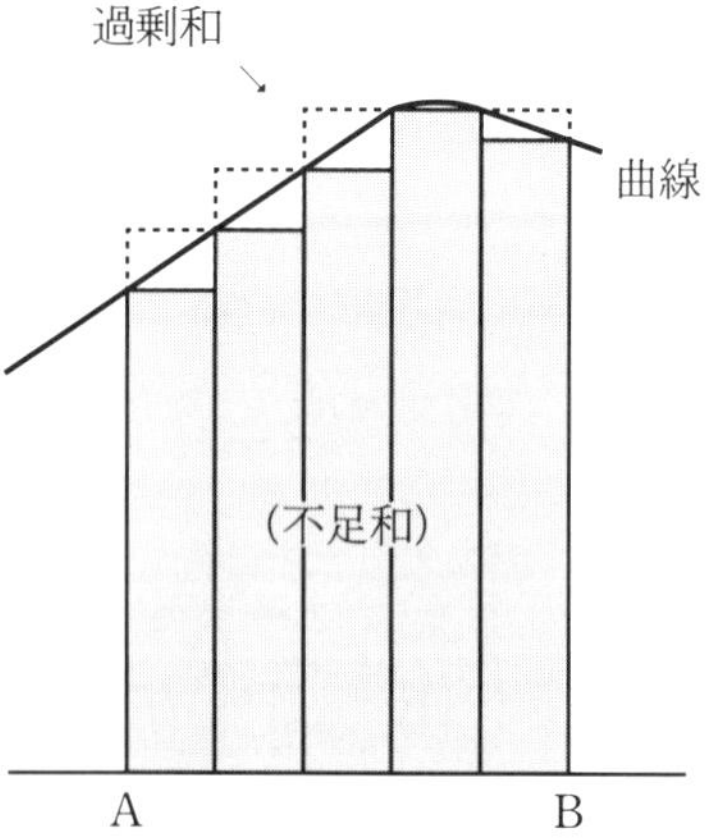

(不足和) < (**真の値**) < (過剰和)

積分の考えの変遷

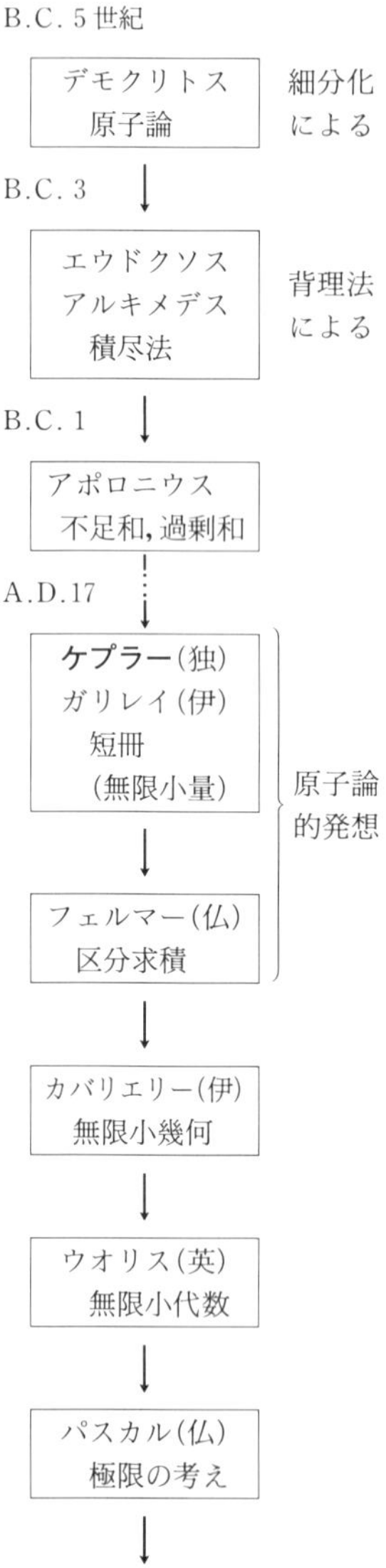

もっともアルキメデスが、円周率の値3.14を求めるのに、円に内接する正九六角形、外接する正九六角形を作図し、その二つの辺の長さの間をとる、という方法を用いている。

古代ギリシアの幾何学は、紀元四世紀に終焉をむかえ、それ以後インド―アラビア数学の発展はあったが、ヨーロッパでは「中世の暗黒時代」（キリスト教全盛）で数学は語るほどのものはなかった。再び社会で数学が必要とされ、研究されるようになったのは、一三世紀の計算術からで、図形の研究は前項で述べた、絵画、地図の『投影法』から始まり、次第に論証学へと進んでいった。

こうした変遷で、三須照利教授は、ケプラーの出現に興味をもった。

ドイツの一七世紀の一流の天文学者、数学者であり『ケプラーの大法則』で有名なケプラー（一五七一～一六三〇）は、小さな酒場の息子であった。

彼は少年の頃、父親がビヤ樽《だる》での売買のとき、適当な方法であることから、〝ビヤ樽の容積の正しい測り方〟に興味をもった。しかし貧しいので進学することができなかったが、姉の協力で学費のいらない神学部へいくことにし、チュービンゲン大学に学んだ。途中、前からもっていた数学への興味が捨てきれず転部し、数学に熱中した。

その後、皇帝ルドルフ二世に仕えて宮廷天文学者

少年ケプラーの疑問

になり、天文表の作製や天文台で働いたが、給料が少ないため、「占星術」を内職にしてかせいだ、という話は有名である。

一六一五年に『酒樽の新しい立体幾何学――樽の容積測定法――』という本を出版したが、これは、伝統的なエウドクソス―アルキメデス流の『積尽法』（取り尽し法、しぼり出し法ともいう）の方法ではなく、「無限小」「無限大」の概念を導入したのが大きな進歩であった。

一〇六ページの表からわかるように、ドイツのほか、イタリア、フランス、イギリスの数学者たちがこの〝求積問題〟に挑戦し、やがて図形の求積を、代数の無限級数の問題とし、ついに、ドイツのライプニッツ、イギリスのニュートンが『積分学』をそれぞれ独立に完成した。

ライプニッツ（一六四六～一七一六）はライプチヒ生れで、ライプチヒ大学では法科に入学した。

後に哲学を学び、デカルトの哲学を研究する必要から数学を学ぶという経路をとっている。二六歳のとき、パスカル、フェルマ、ウォリスらの数学を学び、イギリスへ旅して数学者から求積法などについて指導を受けたりした。

これらをヒントにして、彼は無限級数の研究をし、円周率については上の有名な公式を得ている。一六七七年に『微分積分学』についての研究を発表したが、後にニュートンとの優先権争いが問題になった。

ライプニッツによる記号法が、後世、微分積分学の主流になるのである。

$$\frac{\pi}{4}=1-\frac{1}{3}+\frac{1}{5}-\frac{1}{7}+\frac{1}{9}-+\frac{1}{11}-\cdots\cdots$$

〔問〕　上の式のπの値を求めよ（答は巻末）。

秘話★裏話

微分と積分は裏表

〝少し高級な数学〟の代名詞に微分、積分があり、これを数学嫌いはチャカして、

「微分は微《かす》かにわかり、積分はわかった積《つも》りになること。」

という。

この微分と積分は『微積分学』などと一つにまとめているが、元来この二つは全く別のものである。

積分は遠く紀元前五世紀頃から、曲線に囲まれた面積、曲面で囲まれた立体の体積を求めること、つまり〝細かく分けて積む〟ことからきている。

一方、微分は紀元一六世紀頃から大砲の弾道研究（曲線の接線）として誕生したものである。

この、誕生の歴史も内容も全く異なるものが、なぜ一つの数学内容になったのか。それは、全く別の演算と思われた二つが、実は逆演算——裏表——の関係にあることが発見されたからである。

このことから加減法、乗除法というように微分、積分を省略して微積分と一緒にしていうのである。

逆演算

$a+b=x$	加法
$x-b=a$	減法
$a\times b=x$	乗法
$a=\dfrac{x}{b}$	除法
a^n	累乗
$\sqrt[n]{a}$	累乗根
$a^x=b$	指数
$x=logab$	対数

五、凸・凹面上の図形学

平面世界からメルヘン世界へ

「一九世紀を代表する**メルヘン数学**は、二人のドイツ数学者による。」

と、メルヘン街道を旅した、三須照利教授が楽しそうに語り出した。

彼がいう『メルヘン数学』は、これまでいろいろと紹介してきたが、彼は凸・凹面上の図形学がその中のピカ一だ、という。

人間は球面上に住み生活しているものの、実感としては平面上で日々過している。そのため古典である『ユークリッド幾何学』(原論)が延々二千年間——四〜一〇世紀の空白期間があるが——学び続けられたのも不思議ではない。

しかしこの絶対的ともいえる幾何学に疑問をもち続けた学者がいる。

一八世紀イタリアの修道士サッケリは、ユークリッド幾何の五つの公理(次ページ参照)のうち第五公理について研究し、『すべての汚点から清められたエウクレイデス』(一七三三年)を著作した。これが後世に大きな問題を投げかけ、特にドイツでは、ガウス、その友人のボヤイ、ボヤイの息子、あるいはリーマンなどがこの問題に没頭した。いよいよメルヘン数学の誕生である。

『原論』の公理（公準）

㈠ 任意の点から任意の点へ直線がひけること

㈡ 線分を左右にまっすぐ延長できること

㈢ 任意の中心と距離で円を描けること

㈣ すべての直角はたがいに等しいこと

㈤ 一つの直線が二つの直線と交わり、その一方の側にできる二つの角の和が二直角より小のとき、この二直線をどこまでも延長すれば、二直角より小の角の側で交わること

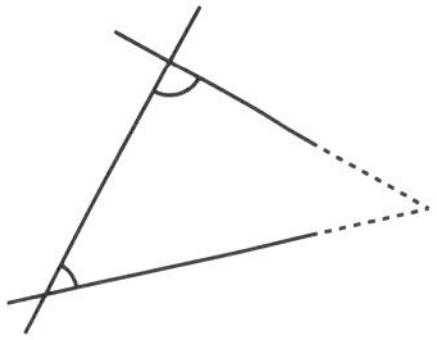

右の㈤は上図のことで、次のものと同値である。

○直線上にない一点から平行線はただ一本ひける（平行線の公理）

○三角形の内角の和は二直角

○四角形の三つの角が直角なら残りの一角も直角

〔**参考**〕紀元前三世紀、ギリシアの幾何学者ユークリッドは、それまでの三百年の数学を体系構成して一三巻の本にまとめた。それを後世、『ユークリッド幾何学』というが、「数論」もあり、正しくは『原論』という。

メルヘン街道の町ハーメルン〝時計人形〟
（メルヘンチックな可愛い仕かけ人形の動きを見物しに人々が集まる）

さて、前ページの公理で㈠〜㈣は文が短く、内容もわかりやすい。しかし㈤は誰がみても異常である。実はこれが『ユークリッド幾何学』の唯一のアキレス腱であった。

多くの幾何学者が「もっと短くならないか」「これは証明できる定理ではないか」といろいろ考えたが、誰一人解決できず、ついに一八世紀のサッケリまできてしまうのである。

それまでに㈤と同値（内容上、同じ意味をもつ）のものは、いくつか考え出された。とりわけ、直感的にわかりやすい点で「平行線の公理」といわれるものが有名である。

ここでサッケリの考えを簡単に紹介しよう。

サッケリの考え

線分の両端A，Bにおいてこの線分の同じ側に垂線を立て，それぞれ等しい長さに切って，その端をC，Dとし，四角形ABDCを作るとき，次の3通りが考えられる。

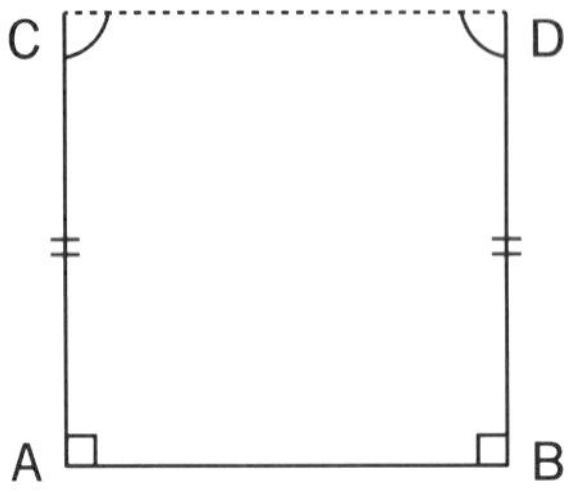

	⑴	⑵	⑶
∠C ∠D	直角	鋭角	鈍角
三角形の内角の和	二直角	二直角より大	二直角より小
後世のドイツ学者	↓（ユークリッド）	↓リーマン	↓ボヤイ

(1)	(2)	(3)
平行線はただ1本	平行線はない	平行線は無数にある
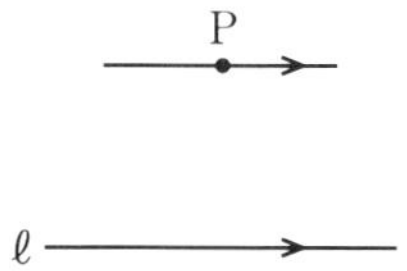	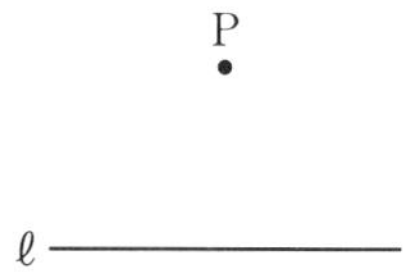	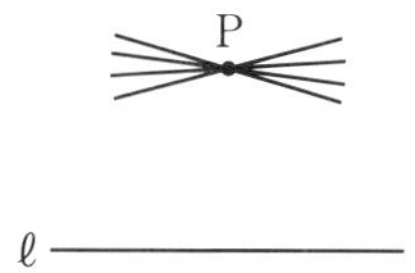
三角形の内角の和 2直角	三角形の内角の和 2直角より大	三角形の内角の和 2直角より小
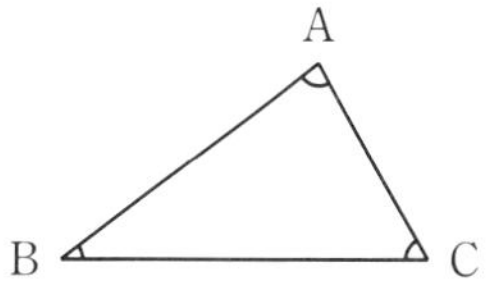	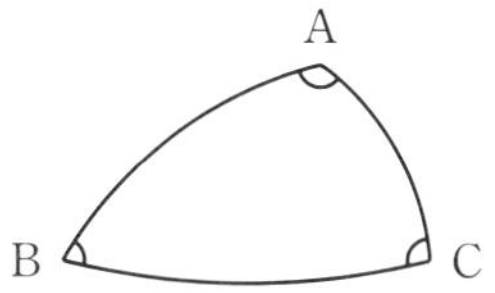	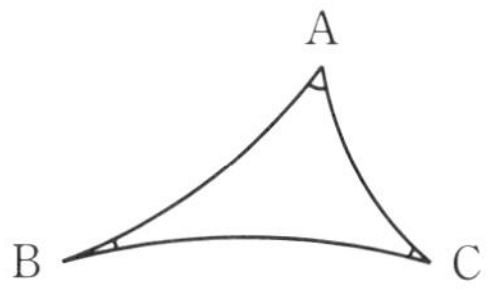
$\angle A+\angle B+\angle C=2\angle R$	$\angle A+\angle B+\angle C>2\angle R$	$\angle A+\angle B+\angle C<2\angle R$
常識の世界	奇妙でメルヘンの世界	

上の表中の(2)、(3)の仮定は非常識に思われるが、数学の世界では左に示すように、〃三分類〃のことが多い。

この常識の方を信じて、話を進めよう。

〔参考〕

○大きい	等しい	小さい
○正の数	0	負の数
○鈍　角	直　角	鋭　角
○円　外	円周上	円　内
○凸　面	平　面	凹　面

サッケリの仮定の(2)、つまり「平行線は一本もない」を公理とした幾何学を創案したのは、ドイツの一九世紀の数学者で、ゲッティンゲン大学教授のリーマンである。また(3)、つまり「平行線は無数にある」を公理としたのは、ボヤイの息子（ハンガリー人でドイツ生れ育ち）である。

二人の『非ユークリッド』幾何学を、視覚化したモデルで示すと左のようである。

非ユークリッド幾何学のモデル

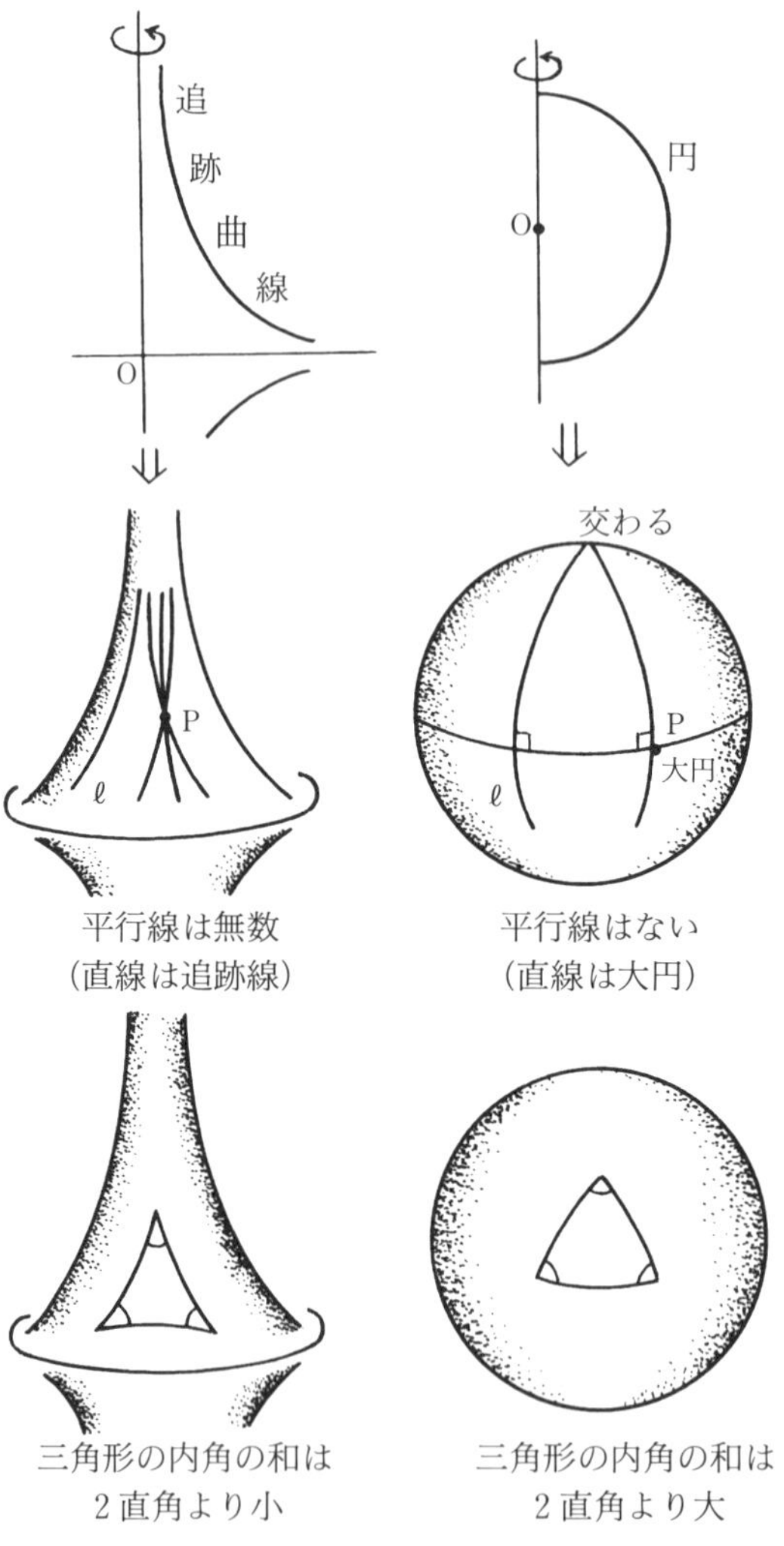

合同はあるが〝相似〟はない

『非ユークリッド幾何学』(サッケリの思想)は、ドイツの代表的数学者であるガウスも研究したが、当代一流のドイツの哲学者カントから批判されることを恐れて、この存在の公表をひかえた、と伝えられている。

実際、リーマン、ボヤイがこの幾何学を発表したとき、「三種の幾何学が存在するはずはない」「どれが正しいのか」といった問題が学界で大きな議論になった。

つまり、当時の数学者たちには、古典である『ユークリッド幾何学』を絶対視していた、という常識があった。そのため、

○平行線が一本もないとか、無数にある
○三角形の内角の和が二直角より大きいとか、小さい

という非常識は、とても認められなかったのであろう。

『非ユークリッド幾何学』では、直線の定義も違うし、公理も変えたものである。そこで平面上の幾何学では考えられないことが起きたりもするのである。

いっけん、この非常識な幾何学の方が、今では宇宙を研究する上の常識的なベースになっている。

しかも数学はこれを機に、〝公理主義〟という立場から大きな前進をするのである。

さて、ここでメルヘン数学を中心としたドイツ数学の総まとめをすることにしよう。

三須照利教授は、ここにドイツ民族がもつ特性が示されている、と断定する。

ドイツ民族は几帳面で努力家、そして理屈っぽい性格であるといわれる。その証拠に、

○天文学の研究に欠かせない面倒な計算や、三角比表、対数表などの〝数表作り〟の貢献は、ほとんどがドイツ数学者によっている。

計算の正確なアダム・リーゼ、アルキメデス方法で円周率を三五桁まで求めたルドルフを始め、ゲオルグの三角比の正割表、バルトロメウスの正弦表、ケプラーの対数表などいずれも努力と根気のいる作業である。

○古代ギリシア民族に似た議論好きであり、こうした民族性と社会環境から、二つの『非ユーリッド幾何学』を創案している。また、二〇世紀初頭に創設された『集合論』に対して、当時ドイツ数学界のリーダーであったデデキント、クロネッカーなどが、学界を二分して論争している。

いわゆる〝論理を武器〟とすることによって切磋琢磨《せっさたくま》し合い、学問のレベルを向上させてきた。

と、分析している。

では、数学界でドイツと交流の多かったロシアでは、どんな数学者が活躍したのであろうか。

大きな興味があるところである。次にそれを追跡してみることにしよう。

第4章

"白鳥の湖"とロシアの数学

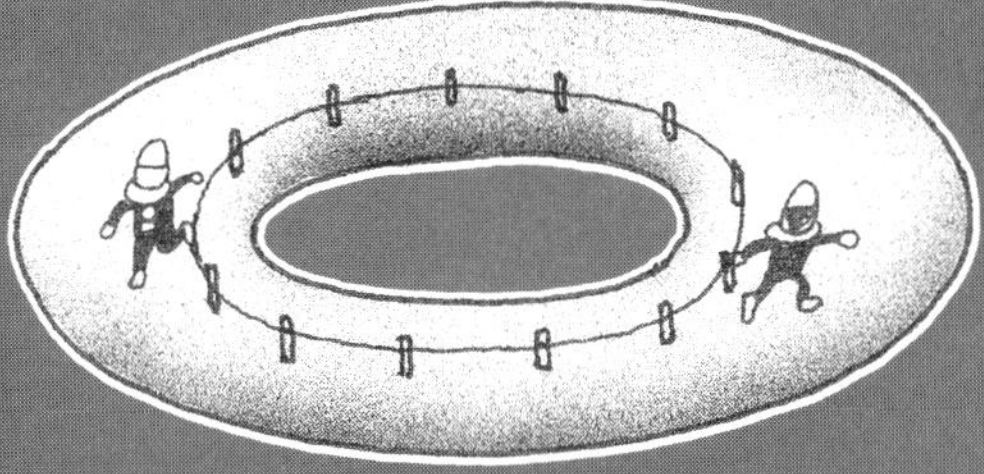

ボリショイバレエのパンフレットの中の図

ネヴァ川に沿った宮殿河岸通り

ペトロパブロフスク要塞入口

一、近世マセマティックス街道

三都物語

（ゲッティンゲン）――（ケーニヒスベルク）――（ペテルブルク）の三都物語。

「この美しく静かな三都市を結ぶ道を〝近世マセマティックス街道〟とよびたい。」

というのが、三須照利教授の、未知の道へ、憧れを込めた言葉であった。

近世三百年間、多くの優れた、ドイツ、ロシアの数学者たちがここから輩出し、また往来した道である（五一ページでは、〝ミステリー街道〟とよんだ。彼は両方を考えている）。

ナゼ数学か？　また哲学が育ち、童話、詩人――いずれも数学と関連――か？

この三都市は、日本でいえば〝京都〟に相当する、と彼は考えている。

京都もまた、美しく静かな街であり、哲学が育ち、理論物理学者（ノーベル賞受賞者）が輩出している。これらの都市に共通するのは〝思索、思考〟の地、ということであろう。

そして「**考え得るものを考えること**、それが数学者の目的である」（ケイザー）、また「**詩人の心**をもたない数学者は、完璧な数学者ではない」（一九世紀ドイツ、ワイヤストラス）というように、数学者の心、姿勢も大切なことはいうまでもない。

〝三大〟大学の仲良し数学都とロシアの代表数学者

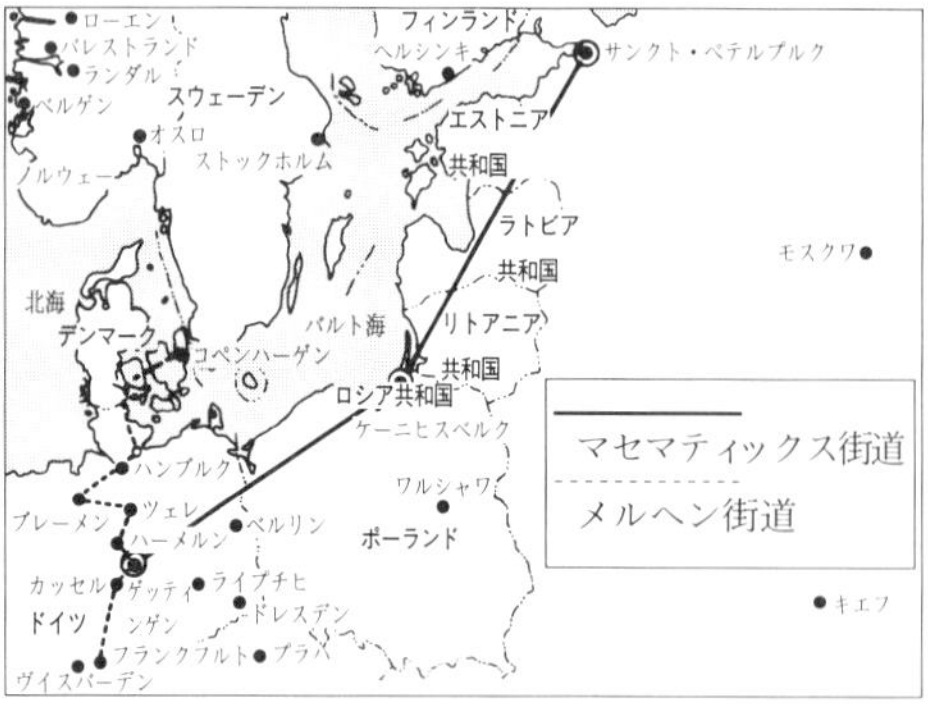

オイラーがペテルブルク大学で活躍した18世紀後半は，ペテルブルクがヨーロッパ数学の中心地であった。その後1820年頃オストログラッキー(1801〜1861)，ブニアコフスキー(1804〜1889)がこの大学で応用数学の発展に努めた。

以下，ペテルブルク大学やこの街と関係のある有名数学者を列挙すると，次のようである。

○チェビシェフ (1821〜1894)	確率論 素数	ペテルブルク大卒，同教授
○カントール (1845〜1918)	集合論	ペテルブルク生れ，ベルリン大他教授
○マルコフ (1856〜1922)	確率論	ペテルブルク大卒，同教授
○ミンコフスキー (1864〜1909)	数の幾何 相対性理論	ペテルブルク生れ，ケーニヒスベルク大卒，ゲッティンゲン大教授
○ビノグラドフ (1891〜 ？)	整数論	ペテルブルク大卒，同教授

〔参考〕

○コルモゴロフ (1903〜 ？)	公理的構成の確率論	モスクワ大卒，同教授

ここで少し時代を遡り、ロシアの歴史についてまとめてみることにしよう。

○紀元前九世紀頃、この地は遊牧民スキタイ人が支配していたが、この中にロシア人の先祖（東スラブ人）もいた。

○九世紀後半に、東スラブ人はノルマン（ルス族――これがロシアの語源）によって征服され、同化されて現代のロシア人ができた。彼らはノブゴロド公国を建設し、キエフを占領してキエフ大公国を立てた。

○一二世紀から力がなくなり、一三世紀にモンゴル人に征服されて農奴になる。

○一四世紀以降にモスクワ大公国が自立し、一五世紀にイヴァン3世が全ロシアを統一した。

○一七世紀初め、ミハエル・ロマノフによって『ロマノフ朝』が成立するが、農奴制が続いたため後進性をもち、これを逃れたコザックは、シベリアを征服した。

○一八世紀にピョートル大帝が近代国家を築く。また良港確保のため北、南で戦争をおこなう。

○一八世紀末にエカテリーナ2世（女王）が君臨し、ポーランドを分割、東ヨーロッパの大国となり、黒海岸へ進出。

ロシアの国土

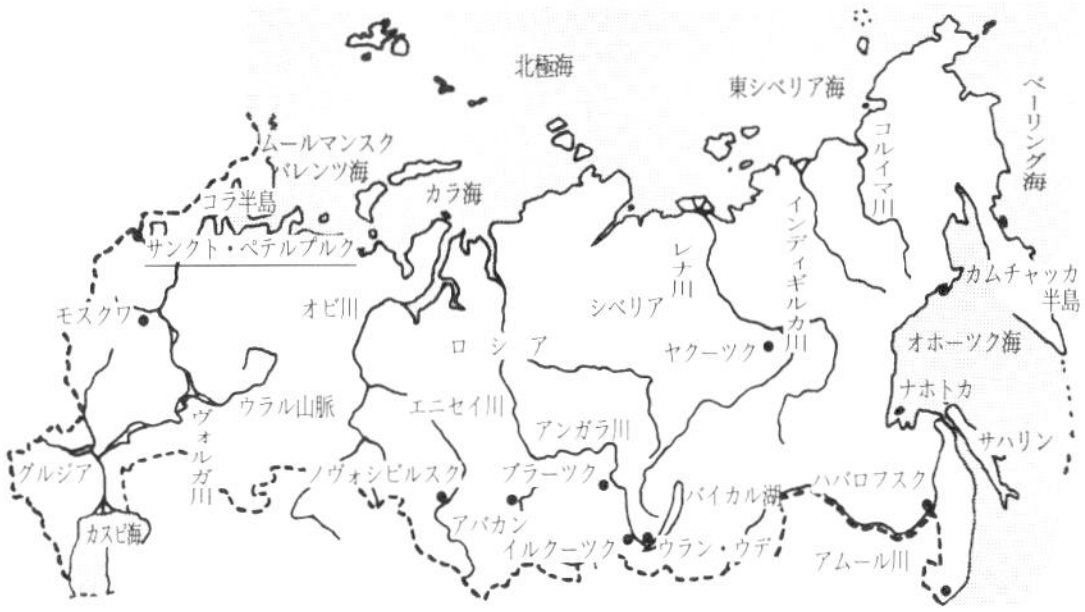

このようにして、一八、一九世紀にサンクト・ペテルブルク（後のレニングラード）が〝数学の都〟となったのは、ロシアが上昇気流にのり、国勢のあがったときと一致している。

ペテルブルクは、前の地図からわかるように、フィンランド湾近くのロシア最西端の都市で、一七二五年に、ピョートル大帝が「西欧へ開かれた窓」（ペテルブルクの意味）としてネヴァ川の荒涼とした三角州を埋めたてて都を築き、ここにアカデミーを開設したのに始まる。これを契機に、西欧から近代科学が次第に輸入され、やがてロシア独自の学者を次々輩出するようになった。

この輸入の道はおそらく〝近世マセマティックス街道〟で、数学のみならず、学問、文化、芸術がここを流れていったのであろう。

三須照利教授は、数学の都〝ペテルブルク〟の名を、数学研究以前に、すでに知っていた。それは次の別々の二つのことからであった。

㈠　一七九〇年江戸時代の商人、大黒屋光太夫

㈡　一八九五年クラシックバレエ『白鳥の湖』

〝商人とバレエと数学〟。この無関係な三つとペテルブルクとは、どのようなかかわりがあるのであろうか。

あなたも、ひとつ考えてみてほしい。

旧参謀本部

一九九二年六月に、井上靖原作『おろしや国酔夢譚《すいむたん》』という映画が全国公開された。その広告では、

〝厳寒のシベリアから絢爛《けんらん》極めるペテルブルクまで、――歴史の大きなうねりの中を駆けぬけ、鎖国の時代に世界と出会った男・大黒屋光太夫〟

〝ロシアが最も華麗だった時代、一万キロ零下五〇度の氷原の果てに女帝エカテリーナはいた〟

とあった。ここでこの映画の概要を説明しよう。

大黒屋光太夫（1751〜1828）

一七八二年、一七名で伊勢を出帆して江戸に向かった光太夫の船は難破し、八か月余漂流の末、アムチトカ島に着き、生き残った六人と帰国の方法を探るため、カムチャッカ、オホーツク、ヤクーツクと厳寒のシベリアの苦難の旅を続け、七年目にイルクーツクに至る。

その間、凍傷で片足切断し帰化した者、ロシア女性と恋に落ちてとどまった者などがいたが、異国の文化に感動した光太夫は、これを故国に伝えるため帰国しようと執念を燃やし、ついに**ペテルブルク**でエカテリーナ2世へ直訴して、他の二人と共に九年九か月ぶりに帰国することができた。しかし、鎖国時代の幕府は、三人を罪人として扱い、報告は受けたものの自由は与えなかった。

〔**参考**〕当時、日本は天明の大飢饉、アメリカはまもなく独立、フランスは革命直前であった。

大黒屋光太夫には、『漂民御覧之記』『北槎《さ》聞略』の記録がある。

一七八三年、光太夫がロシアに着いた頃、ペテルブルク生れで、同大を西欧数学の中心にまで高めたオイラーが亡くなった。

三須照利教授は、そうしたペテルブルクを思いながら、自分がしばしば海外旅行している経験から、〝三K〟はどうしたのか、と考えたのである。

彼の三Kとは、金（KANE）、会話（KAIWA）、街道（KAIDOU 地図）の三つである。

大黒屋光太夫たちは、漂流者という難民であるから、三Kのいずれも欠けているので、ふつうなら一日といえども——食糧を買えないから——生きていけないところであろう。

〝金〟は、ロシア難民収容所から食事と共に与えられたのである。また、「ものを買う」ということも、数はゆびでおぼえるし、すぐ慣れるからよいが、問題は〝会話〟である。

会話が十分でないと、街から街へと旅行をすることもできない。しかし、九年余の生活の中の努力で光太夫の話術も上達し、そこで、学者ラックスマン、ベズボロドコ伯爵そして女帝側近ソフィアらに協力をしてもらい、女帝に直訴することができたのである。彼にとってペテルブルクは成功の街であった。彼が異国の地で感動し、その文化や芸術などの見聞をもち帰り、母国に伝えようとしたものは何であったのであろうか、この中には〝数学〟も入っていたであろうか。

幕府は、光太夫から、国際情報を主として聴取し、いずれ訪れる開港にそなえたという。
（注）一七九二年ロシア使節ラックスマンは、光太夫を伴い根室《ねむろ》にて通商を請う。一八五四年条約。

真夏の宵に「白鳥の湖」

野外の「サマーナイトバレエ」

世田谷美術館の前庭で行われたサマーナイトバレエ

（朝日新聞　1993年7月3日付より）

童話『白鳥の湖』は、ジークフリート王子の城の森の奥にある湖にいる白鳥たち――悪魔によって白鳥にされている――が、この王子によって悪魔の魔力から解かれ、オデット姫が王子とめでたく結婚する、という話である。これをゲリッシェルとベギチェフが共同で台本を作り、チャイコフスキーによる作曲、ペティパ演出（全四幕）で、一八七七年モスクワのボリショイ劇場で初演された。

しかし、これは失敗であった。

ところが、一八九五年、**ペテルブルク**で再演したとき大評判を収めたという。この地はバレエ成功の街であった。

ペテルブルクが、〝白夜・芸術の都〟で芸術を理解できる人々の街であったからといえよう。

このことを執筆している日に、東京の世田谷美術館野外「サマーナイトバレエ」で『白鳥の湖』が演ぜられるという新聞記事があった。日本では、ロシアの『白鳥の湖』、ドイツのベートーベンの『第九』が高い芸術として親しまれていることがなんとも興味深い。

〔**参考**〕ペローの童話『眠れる森の美女』（一〇ページ写真、チャイコフスキー作曲）は、一八九〇年この地で初演。

秘話★裏話

ジークフリートの伝説

『白鳥の湖』の主役王子ジークフリートはドイツの北欧伝説の英雄で無双の剣士である。悪竜を退治したとき、この竜の血を全身に浴びて不死身になるが、たまたまボダイジュの一枚の葉が背についていて、そこだけ血を受けなかった。彼はある事件に巻き込まれるが、そのとき背中のこの部分を刺されたために死んでしまう、という伝説である。

ドイツでは、第二次世界大戦前に、フランス国境線強化のため延長六〇〇キロの要塞として、「ジークフリート線」を構築した。

この名はドイツ将軍ジークフリートにちなむ、とあるが、彼の先祖は伝説名をとったのであろう。

フランス側もこれに対抗して、難攻不落の「マジノ線」（発案者、陸相アンドレ・マジノによる）をつくったが、ドイツ軍は迂回してフランスに侵攻したため、双方とも要塞が役に立つことはなかった――要塞設計に幾何学が不可欠――。

二、オペラ『スペードの女王』

芸術と賭博

左の新聞記事にあるように、「大黒屋光太夫のオペラ」が上演されるという報道があった。作曲は、旧ソ連・アゼルバイジャン共和国出身の作曲家フセイノフが担当するという。

200年前の日・ロ交流 今再び

大黒屋光太夫をオペラで

東京・大阪・鈴鹿公演

約二百年前、ロシアに漂着し、日本との懸け橋になろうとした船乗り大黒屋光太夫を描く演奏会形式のオペラ「光太夫」が、七日午後七時、東京・オーチャードホール、十四日同、大阪・ザ・シンフォニーホール、十五日午後三時、鈴鹿市民会館で上演される。テレビ朝日が開局三十五周年を記念して企画・制作した。

光太夫は、伊勢から江戸に向かったが、遭難して漂流、アリューシャン列島に上陸して以来六年をかけてイルクーツクへたどり着く。そこでラクスマンに出会ったことがきっかけで、女帝エカテリーナ二世に会い、交易使節とともに日本に向かう。

この日本とロシアのコミュニケーションを、現代から改めて見直す作品だ。作曲は、テレビ朝日が一九九一年に主催した「シルクロード管弦楽作曲コンクール」入賞がきっかけで、旧ソ連・アゼルバイジャン共和国出身の作曲家ファルハング・フセイノフが担当した。江戸時代の桂川甫周「北槎聞略」をもとに青木英子が脚本にし、それを歌詞の制作も含めて山下健二がロシア語に訳した。フセイノフは、このロシア語台本、歌詞を基に作曲しているため、上演はロシア語で、日本語字幕を上映。そして江守徹が語りを入れる。

光太夫に勝部太、ラクスマ

作曲のファルハング・フセイノフ

ラクスマン役の岡村喬生

光太夫役の勝部太

（朝日新聞　1993年9月3日）

〃オペラ化〃ということで、三須照利教授の頭に浮かんだのは、賭博（確率）を話の筋にしたオペラ『スペードの女王』である。

これは大黒屋光太夫と同じ、ペテルブルクを舞台としたものであることが一層興味深くしている。

中編小説『スペードの女王』は、プーシキン原作のもので、一八三四年の作である。

物語は、一八三〇年代のペテルブルクの

貴族社会を背景にしたもので、大筋は次のようである。

「若い工兵士官ゲルマンは、昔パリの賭博場で連戦連勝した老伯爵夫人に、その必勝法を伝授してもらおうとして会談し、その際誤って夫人を殺してしまう。

ところがある夜、夢の中に夫人が現れて、必勝法を教えてくれた。ゲルマンはその教えに従ってカジノに臨み、その手法で順調に大勝を進めることができた。しかし、せっかくの〝大勝運〟も、最後のゲームの切り札で必勝するはずの手札のエースが、いつの間にか〝スペードの女王〟に変った上、女王の顔がニヤリとする。これによってゲルマンは大敗した上全財産を失ってしまう。

そして発狂する。」

これをオペラ化したチャイコフスキーは、現実的にし、「ゲルマンは恋敵である公爵に勝つため、賭博で巨万の富を得て結婚しようとするが、この賭博で、『スペードの女王』変身で大失敗して自殺する。」と原作を変えている。

余談だが、プーシキンは、妻に親しい関係をせまる近衛士官と決闘し、三十八歳の若さで死んだという。

三須照利教授は二十一歳の若さで同じく恋愛事件の決闘で死んだ『群論』の創設者、フランスのガロアを思い出した。

西欧の物語や映画では、よく決闘場面が出てくるが、実際に〝男のメンツ〟といったことで決闘がおこなわれたのであろう。

数学者の中には、ボヤイ(四一、一一二ページ)の息子のように、士官との剣の試合で一三人に勝った、という剣の名人もいることを、数学者の名誉のためにつけ加えておこう。

『スペードの女王』をオペラ化した作曲家チャイコフスキーも、この曲完成の三年後に亡くなっている(一八九三年一一月六日)。自殺説がある。

こうみると、作品の登場者、原作者、作曲家がみな不幸な死の運命をもつようで無気味である。

さて、チャイコフスキーについて簡単に紹介しよう。

一八四〇年に生れ、一〇歳のときペテルブルク法律学校予科に入学。卒業後は法務省へ勤め高級官僚としてのエリート・コースを歩むが、二二歳のとき音楽勉強のためペテルブルク音楽院に入学する。やがて法律家になる道を捨て作曲家として才能を伸ばしていった。ゲッティンゲン近くの森の物語『眠れる森の美女』、また『くるみわり人形』など有名な曲を残した。

ペテルブルクの文学といえば、ドストエフスキー(一八二一〜一八八一年)をあげなくてはならないであろう。彼はトルストイと並ぶ一九世紀ロシア文学を代表する巨匠である。ペテルブルク工兵士官学校を卒業後、一八四六年『貧しき人々』(彼は貧民病院医師の子)で登壇した。

一八六六年作の『罪と罰』は、彼の代表作の一つであるが、これはペテルブルクの裏町が舞台と

〝トランプ〟４つのマークの意味

種類	♠	♣	♡	◇
呼称	spade	club	heart	diamond
象徴	戦	食物	愛	富
原義	軍隊の剣	こん棒にこのマークがついていた	僧侶の洋杯の形	貨幣の変形（商業）
地位	貴族	農民	聖職者	商人

なった。貧乏学生ラスコーリニコフと聖なる娼婦ソーニャの道徳的再生の物語である。

しばらく芸術の都ペテルブルクの音楽、文学を紹介してきたので、ここで再び『スペードの女王』にかかわるトランプによる賭博（確率）の話、つまり、「数学の話」を取りあげることにしよう。

わが国でのトランプは、花札、マージャンと並ぶ遊び道具に過ぎないが、西欧ではもっと深い意味や文化、習慣、生活との結びつき（占いや手品）があることを、三須照利教授は発見した。

〝トランプ〟とは、わが国だけの呼称で、正式名はプレーイング・カードまたはカーズという（トランプとは切り札の意味）。

発祥は七世紀以前で、発祥地はインド、中国、エジプトなどの説があるが、一二世紀にヨーロッパで発達した。

上のマークが用いられたのは一四世紀後半で、

フランスの宮廷での遊び用として画家に描かせたものが原型といわれている。

現在のような形になったのは、一九世紀後半のイギリスで、二〇世紀にはアメリカで大量生産されるようになった。その後、左下のようないろいろと変ったトランプが作られた。

一般におこなわれているトランプ・ゲームに、ポーカー、ブリッジ、ツーテンジャック、ダウト、ナポレオン、セブンブリッジなどがあるが、中でも世界的に広くおこなわれている代表的なものは、ポーカーとブリッジである。

ここでは、確率計算のしやすい「ポーカー」を例にして考えてみよう。
五、六人でおこない、まず親をきめ、親が各人五枚ずつカードを伏せて配り、残りのカードは山札として場に伏せておく。
競技者は、自分の手札をみて〝手役の強さ〟（次ページ）を考えて勝負するかどうかを決める。

〝ポーカー・フェイス〟の語で有名なように、はったりによる賭博性の強いもので、勝負は手役の強弱でなく、かけ引きの技術によることが多い。

変ったトランプ

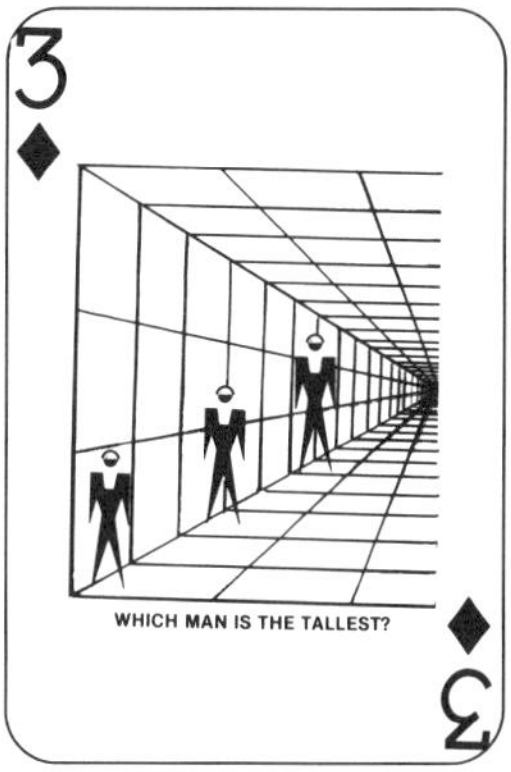

錯覚図のトランプ
（アメリカ）

中国の帝王扑克
——魏の曹操——
（中国）

〝ポーカー〞の代表的な手役

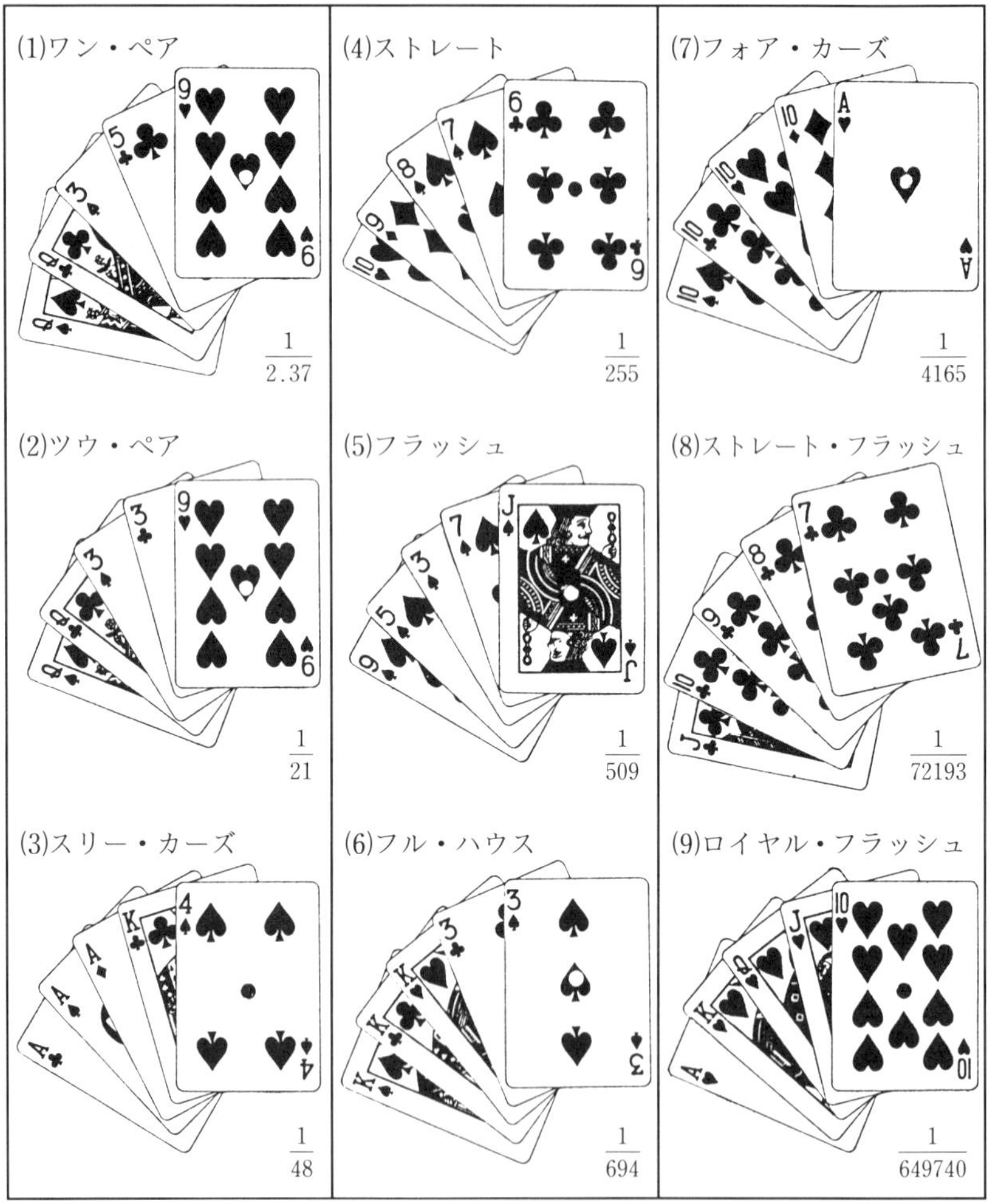

(注)　(1)〜(9)は〝手役の強さ〞の順。右下の分数は，でたらめに5枚配られたとき各手役になる確率。

このカードはカジノの本場ラスベガス(アメリカ)で購入した使用済みのものであるため，中央に穴があいている。

秘話★裏話

トランプの数字の和の妙

トランプは一～一〇の札のほかに絵札がある。絵札ではキングのモデルとして、クラブはアレキサンダー大王、ダイヤはシーザー、ハートはシャルマニュ大帝などといわれている。

Jを11、Qを12、Kを13として、上のように計算すると、ナント!! 「三六五」。一年間の日数になっている。

$$\underbrace{(1+2+3+\cdots\cdots+12+13)}_{91}\times\begin{pmatrix}\spadesuit\\ \clubsuit\\ \heartsuit\\ \diamondsuit\end{pmatrix}+\underbrace{1}_{\text{ジョーカー}}$$

$$91 \times 4 + 1$$

365という数の魅力

$$365=10^2+11^2+12^2$$
$$=13^2+14^2$$
$$=71+72+73+74+75$$

チチェン・イツァ(メキシコ)の
マヤの〝暦のピラミッド〟

(各方面の階段数)　(四方面)　(最上段)
91 × 4 + 1 ＝365
(巻末参考)

三、『セント・ペテルブルクの問題』

期待値無限大の賭

数学の歴史五千年の中で後世に名を残すほどの数学者のうち、親子数学者（たとえば、前述のボヤイ、中国の祖など）というものがある。しかし一族で百年間に十人近い数学者を出したのはベルヌーイ一家のみである。この一族はスイス人であるが、ドイツ、ロシアの数学界で活躍している。

ベルヌーイ一家の系図

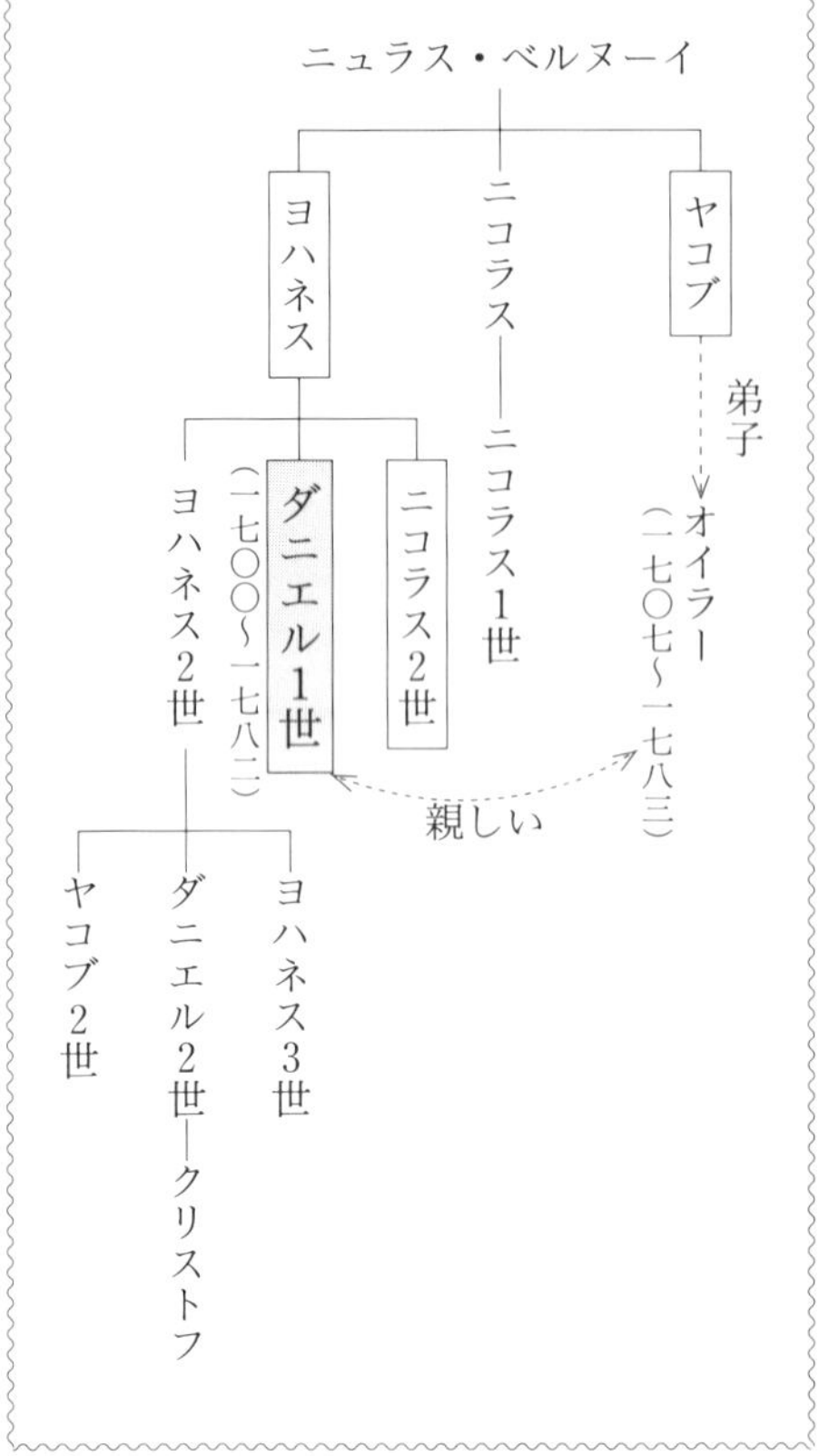

（注）□は特に著名な数学者

上表のダニエル1世は、ペテルブルク・アカデミー（一七二七年創立）の数学教授をした。

二年後に、叔父ヤコブの弟子であるオイラー（一筆描き問題の解決者　五六ページ）を数学教授として招いている。ダニエル1世の兄ニコラス2世も同大教授であった。

ダニエル1世は教授時代に、アカデミー記事で『セント・ペテルブルクの問題』（一七三〇年）とよばれる問題提起をした。これは次のような問題である。

「A氏はコインを投げ、表が出ればB氏より一円をもらう。もし裏が出た場合はもう一度コインを投げ、表が出ればB氏より二円をもらう。再び裏が出たならばもう一度投げる。

以下、表が出るまでコインを投げ続ける。

期待値の計算

コインの表，裏が出る確率をそれぞれ$\frac{1}{2}$とすると，

$$1\times\frac{1}{2}+2\times\left(\frac{1}{2}\right)^2+4\times\left(\frac{1}{2}\right)^3+\cdots\cdots$$

$$+2^{n-1}\times\left(\frac{1}{2}\right)^n+\cdots\cdots$$

$$=\frac{1}{2}+\frac{1}{2}+\cdots\cdots+\frac{1}{2}+\cdots\cdots$$

$$=\infty$$

（注）期待値とは（賞金）×（確率）の値

このとき、コインをn回投げたならば、つまり（n－1）回裏が続き、第n回目に表が出たならば、2^{n-1}円をB氏から受け取る、と約束したとき、A氏がB氏から受け取ると期待される金額はいくらになるか。」

この期待値を計算すると、上に示すように無限大の金額が期待されることになる。

世の中にはたくさんの賭事があるが、「期待金額が無限大」などというありがたい賭事は存在しないであろう。

では、この問題ではどこがおかしいのであろうか。

時代劇に出てくる賭場でのテラ銭、カジノや遊戯場の賭金などを始めとして、江戸時代の富くじ、現代の宝くじなど、賭事では運営、経営担当関係者が総金額の何割、何%かをとり、残りの金額を支払う方法によっている。公営の宝くじでは、賞金支払い額は全収益金の四〇〜六〇%ほどであり、公私どんな場合でも期待金額（返還の平均額）はそれほど高くないのがふつうである。

全収益金の配分率

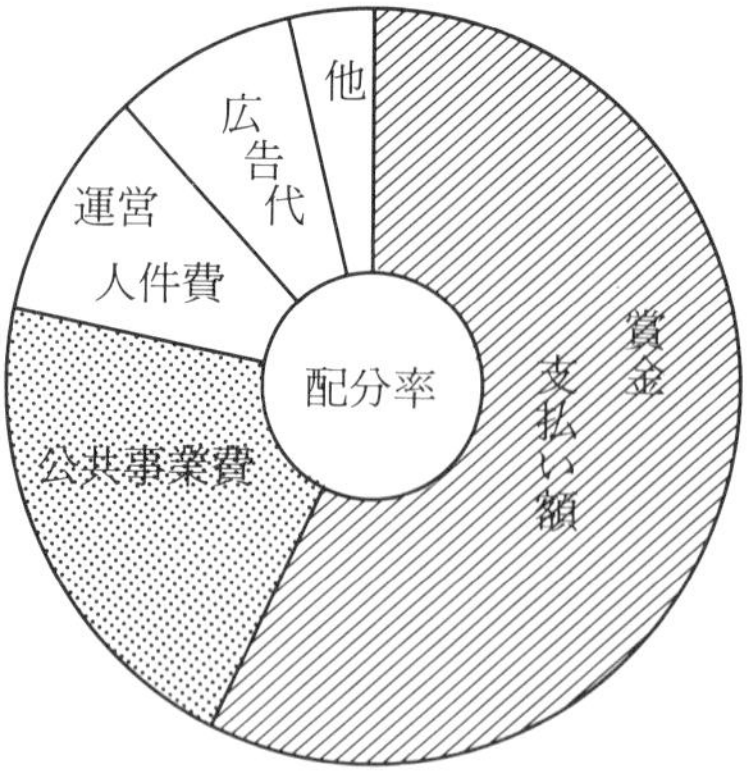

こうした一般社会の常識からみると、この『セント・ペテルブルクの問題』は大きな矛盾、謎が秘められていることを強く感じるのである。

三須照利教授がこの問題の問題点の分析にとりかかったとき、ちょうど、次の新聞記事を目にした。

「イギリスのプリストルのカジノで、クリピエとよばれる親役のリズ・ハロースミスさんが、七回続けて〃4〃を出す快挙を演じ、ギャンブラーたちもびっくり。

ルーレットで七回続けて同じ数が出る確率は約一千億分の一という天文学的なもの。一九五九年、プエルトリコで作られた六回連続という世界記録を更新した。（1993年10月16日）」

ルーレットで〃4〃が7回連続して出るほどの奇跡ではないにしても、コインの〃裏〃が7回連続して出ることもふつ

〝裏〟が7回続いて出る確率

$$\left(\frac{1}{2}\right)^7 \fallingdotseq 0.008$$

これは危険率1％で有意(偶然でない)。つまり，

これは正しくできたコインといえない。

図1

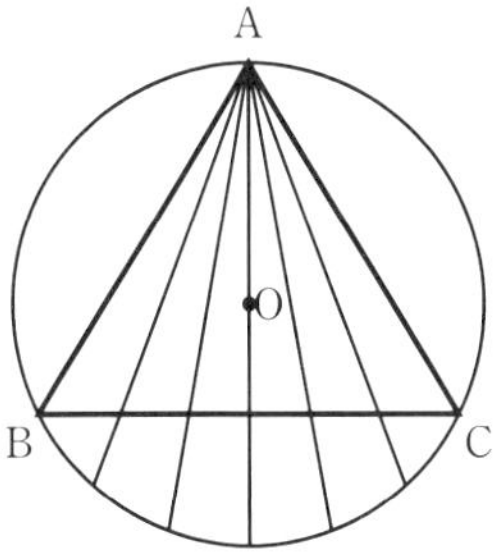

（解1）確率$\frac{1}{3}$

うではほとんどあり得ない。つまり、『セント・ペテルブルクの問題』は実際には――理論的にも――成り立たない。

ダニエル1世は、この問題の解決方法として「道徳的期待値」という概念を導入したのである。

確率の〝わかるようなわからないような問題〟を考えたついでに、少し有名な「確率のパラドクス」を紹介することにしよう。

まず次の問題を読み、三つの解答を考えてみよ。

「与えられた円で、一つの弦をかってに引くとき、この弦が内接正三角形の一辺より長くなる確率を求めよ。」

この解には、確率$\frac{1}{3}$、$\frac{1}{2}$、$\frac{1}{4}$の三通りが考えられる。それにはそれぞれ次の理由がある。

〔理由〕頂点Aから∠BAC内に弦を引くと、これらはすべて正三角形の一辺ABより長い（BCは円周の$\frac{1}{3}$であるから、弦が正三角形の一辺より長い確率は$\frac{1}{3}$となる）。

〔理由〕弦BCの上方に、これと平行な弦を引き、直径AK上で、

図2

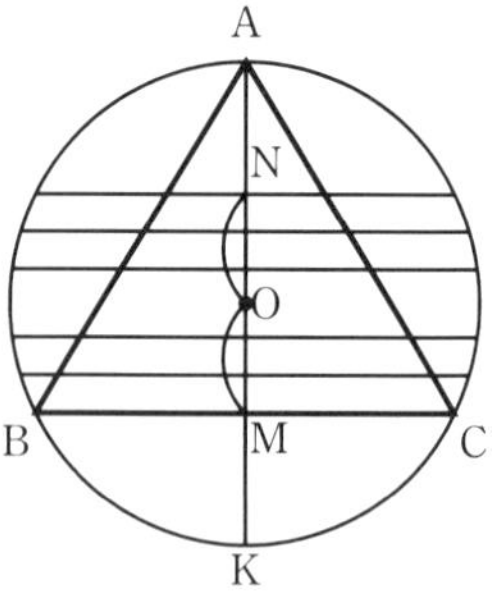

（解２）確率$\frac{1}{2}$

図3

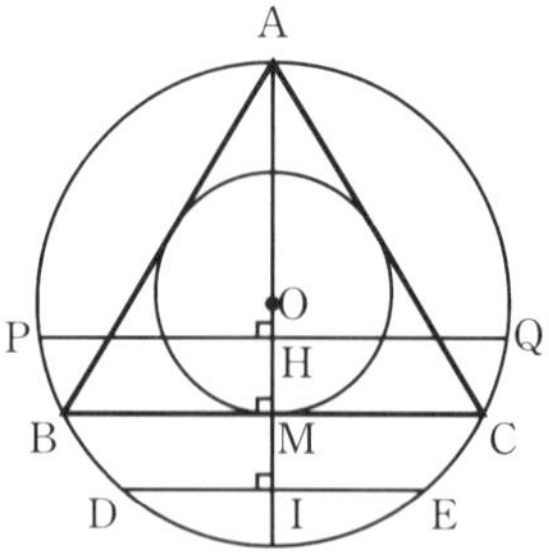

（解３）確率$\frac{1}{4}$

OM＝ONとなる点Nをとると、点Nを通るBCに平行な弦までが、この条件に適するものである。

NM＝$\frac{1}{2}$AKであることから、正三角形の一辺BCより長いので、この確率は$\frac{1}{2}$となる。

〔理由〕いま、正三角形内に内接円を描き、辺BCとの接点をMとすると、辺BCより長い弦は、点Oからの垂線OMより短い範囲を通る。

これより、弦の中点は、円の内部にあることが条件になる。この内接円の面積はもとの円の$\frac{1}{4}$の広さなので、確率は$\frac{1}{4}$となる。

さて、いずれも正しく思われるが、真の正解はどれであろうか（答は巻末）。

この種の問題を『幾何学的確率』という。

幾何学的確率の代表として〝ビュッフォンの針〟というものがある。これは二本の平行線の間にかってに針を落し、針と平行線とが交わるものから円周率の値を求める方法で、一八世紀フランスのビュッフォンが考案した。

秘話★裏話

$\frac{1}{2}+\frac{2}{3}=\frac{3}{5}$が正しい？

「イギリスのネス湖にネッシーがいるか、いないかは、〃いる〃〃いない〃の2通りだから〃いる〃確率は$\frac{1}{2}$だ!!」

白球の確率$\frac{1}{2}+\frac{2}{3}$

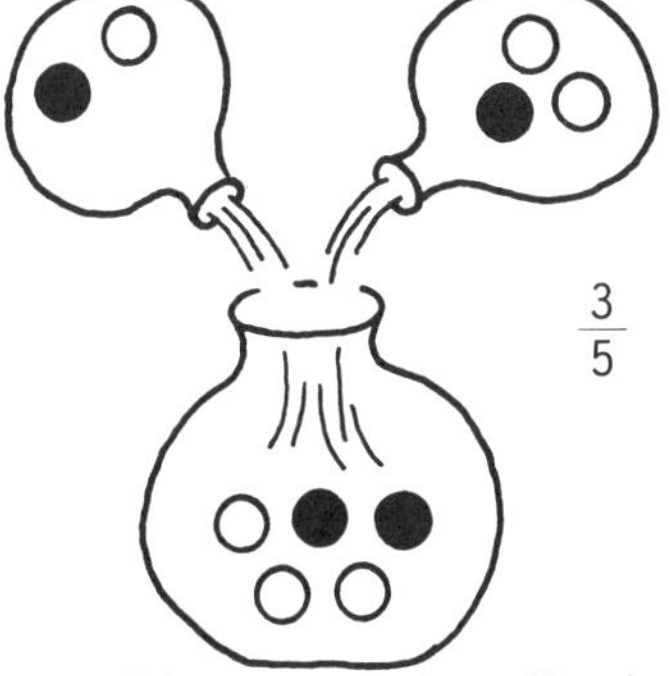

という笑えない笑い話がある。

これは「硬貨を投げたとき、〃表〃か〃裏〃かの2通りだから、表が出る確率は$\frac{1}{2}$だ」というのに似て非なるものである——表と裏の出方の〃確からしさ〃は等しいが、いる、いないの〃確からしさ〃は等しくない。同様の危険話は多い——。

さて、上の場合はどう説明したらよいであろうか？

現象としては正しいが、合わせることを＋の記号で示した式は用いられない（意味が違う）。

四〇度の湯に五〇度の湯をそそぎ、40℃＋50℃＝90℃と計算しているのに似ていると考えればよいであろう。

四、集合論とパラドックス

無限についての不思議

一八七四年、ドイツの数学者カントール（一八四五〜一九一八）によって『集合論』が創案された。これはあまりにも革命的で斬新な発想であったため、彼自身もしばらく発表をためらった、という。案の定、発表後は学界に賛否両論が出て、大きな問題となり、それも原因して晩年は健康を害し、精神病院で亡くなっている。

しかし彼は自分の研究を、他人から何と批難されようが、学者として自信をもっていたのであろう。三須照利教授は、彼の次の言葉が好きであった。

「数学の本質は、その自由性にある。」

ことのついでに、いろいろな数学者が、数学者の姿勢や数学について語った名言をいくつか紹介することにしよう。

○数学者は、完全な自由を実行する。（ヘンリー・アダムス）

○いかなる機械的な過程をもってしても、数学者の自由な独創力に替えることはできない。（ポアンカレ）

➔カントール

○数学的発見の原動力は、推論ではなく、想像力である。（ド・モルガン）
○数学が難しく意地悪で常識に反するものと思ってはいけない。それは常識を純化したものに過ぎないからである。（ケルビン）
○数学は記号を扱う訓練を与えるが、それは他の科学に対する優れた準備である。この世の中の仕事は記号の恒等的な熟練を要求するのである。（ヤング）
○音楽は感覚の数学であり、数学は理性の音楽である。（シルベスター）
以上の言葉を総合し、よく噛みしめてみると、「数学とは何か」「数学を学ぶとはどういうことか」という重要な問題が浮きぼりになってくる。

「〝数学とは何か〟には答えられないが、〝数学でないものは何か〟には答えられる。」

という言葉が、理解されてくるであろう。

ところで、あなたなら、数学に対しどんな言葉を述べるか？

その数学界でも『集合論』に限らず、発表後二十年、三十年認められなかった例は数々あるのである。

さて、この『集合論』について、カントールの略歴とその中のパラドクスをとりあげてみよう。

彼は、ロシアのペテルブルクで生れ、一一歳のときフランクフルトに移り、生涯ドイツで過した。一八六二年スイスのチューリッヒ大学に入学したが、父が死んだのでベルリン大学へ移り、数学、物理、哲学を勉強した。

この頃のベルリン大学には、有名な数学者、クンマー、ワイヤストラス、クロネッカーなどがいた。

カントールの『集合論』について批判的なクロネッカーによって、ベルリン大学の教授になることはできず、ハルレ大学の私講師となった。一四〇ページで述べたように、彼の後半は、精神病で悩まされる不幸なものであった。

彼を迷わせ、多くの数学者から批判された『集合論』。その問題はどこにあったのであろうか。高級な問答はさけ、やや初等的問題のパラドクスを紹介しよう。

(一)「線は点の集まり」という。たしかに二直線の交点や円と直線の交点が存在する。しかし逆に、大きさのない点をいくら集めても線にはならない。

(二)『ユークリッド幾何学』での「共通概念(基本性質)8」に、「全体は部分より大きい」とある。しかし集合論では「全体と部分が等しい」ことになる。

線分ABに光を当て、その影A′B′とくらべると、AB上

線は点の集まり

点が動くと線ができる

数の集合

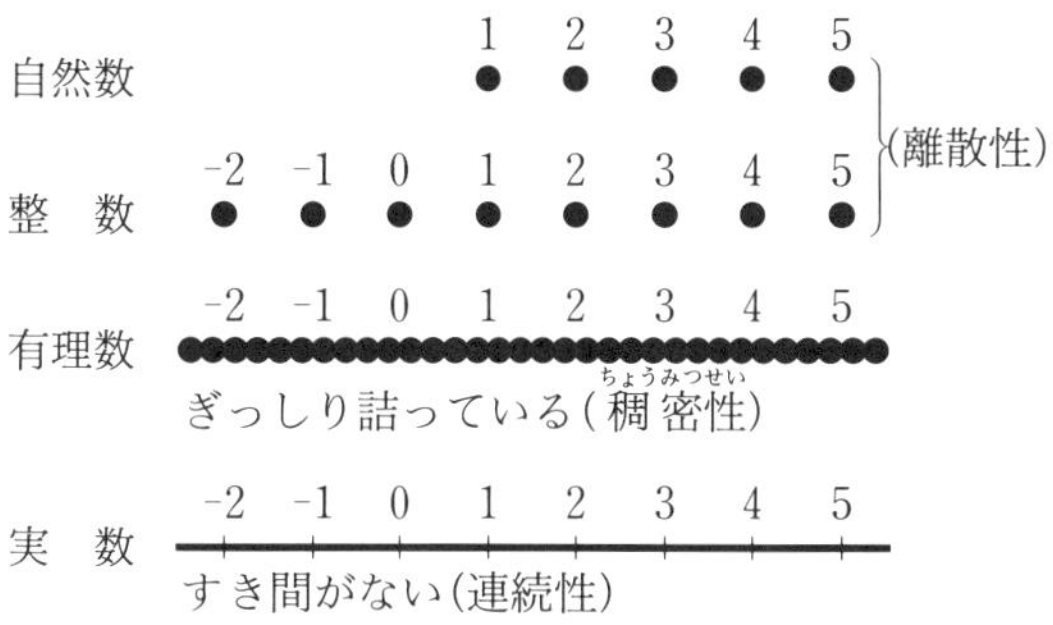

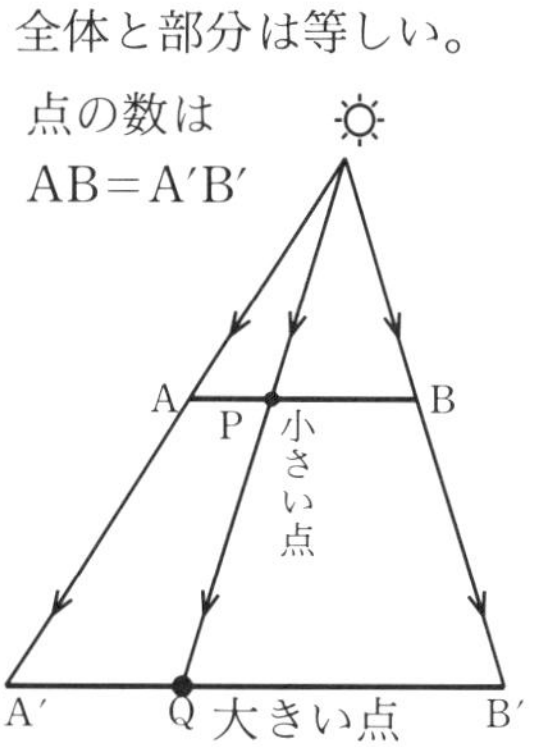

無限のいろいろ

(1) 偶数の集合
奇数の集合
整数の集合
有理数の集合
} 自然数の物指しで測れる無限 これを**可付番集合** $\mathfrak{a}$ とよぶ(巻末参考)。

(2) 別の無限がありそう？

(3) 実数の集合 **連続体** $\mathfrak{c}$

} 自然数の物指しで測れない無限 とよぶ(巻末参考)。

無限にもいろいろある

ふつうの常識では〝無限〟は一種類と考えられている。無限に「薄い無限」と「濃い無限」があり，別にまだありそう，という不思議！

の全ての点がA′B′上に投影している。いわば点の個数は同じである。つまり「全体と部分は等しい」といえる。

㈢　点の個数が同じで、線分の長さが違うということはAB上の点より、A′B′上の点の方が大きい？　という妙なことが起こる。

(四) 数の集合に濃淡がある（前ページ）。

無限の世界では、個数とはいわず〝濃度〟という用語を用いる。「偶数と自然数の濃度が等しい」、つまり偶数を、自然数の物指しで測れるということは、左のように、一対一の対応ができることで説明できる。

偶数	2	4	6	8	10	……
	↑	↑	↑	↑	↑	
自然数	1	2	3	4	5	……

どちらも無限なので、どこまでも対応がつけられる。

(五) 〝無限大の世界〟では、有限の数の計算のようにはいかない。

無限大の計算

次の計算の答は？

(1)　$1+\infty$

(2)　$\infty-1$

(3)　$\infty+\infty$

(4)　$\infty-\infty$

(5)　$\infty\times 3$

(6)　$\infty\div 3$

(7)　$\infty\times\infty$

(8)　$\infty\div\infty$

(9)　∞^3

(10)　∞^∞

（答は巻末）

五、壁にかかれた数学

困苦の中のメルヘン

フェミニストである三須照利教授は、数学界の中の女流数学者の存在と業績に興味をもち、その資料を集めたりしている。代表的数学者は左の9人である。

代表的女流数学者

テアノ	紀元前五世紀	ギリシア	ピタゴラスの妻
ヒュパチア	三七〇～　四一五	ギリシア	数学者テオンの娘
シャトレ侯夫人	一七〇六～一七四九	フランス	宮廷の儀典長の娘
アグネシ	一七一八～一七九九	イタリア	ボローニャ大学数学教授の娘
キャロライン・ハーシェル	一七五〇～一八四八	ドイツ	親衛隊の軍楽隊員の娘
ソフィー・ジェルマン	一七七六～一八三一	フランス	裕福な家庭の娘
メアリ・サマーヴィル	一七八〇～一八七二	イギリス	海軍中将の娘
ソーニャ・コワレフスカヤ	一八五〇～一八九一	ロシア	（本文で説明）
エミー・ネター	一八八二～一九三五	ドイツ	エルランゲン大学数学教授の娘

ソーニャ・コワレフスカヤ

前ページの表からわかるように、女流数学者は一八、一九世紀に輩出している。これはヨーロッパ各国で女性の社会進出が認められてきたことと深くかかわるが、それでも大学が受け入れないなどの障害で、苦労をしながら勉強した人が多い。

ここではロシアの女流数学者ソーニャ・コワレフスカヤについて紹介することにしよう。

一八五〇年モスクワで生れたが、左の系図のように数学の才能を遺伝的にもっていたと思われる。彼女の叔父も数学の才能があり、彼女の著書『子供時代の思い出』で次のように述べている。

「円と同面積の正方形を求める円積問題のような観念とか、漸近線——曲線がそれに限りなく接近するが、決して交わらない線——について、また同じように魅力的なこと」を叔父から聞いた、と書いている。

彼女に数学への興味を引き起させたものがもう一つ

コワレフスカヤの系図

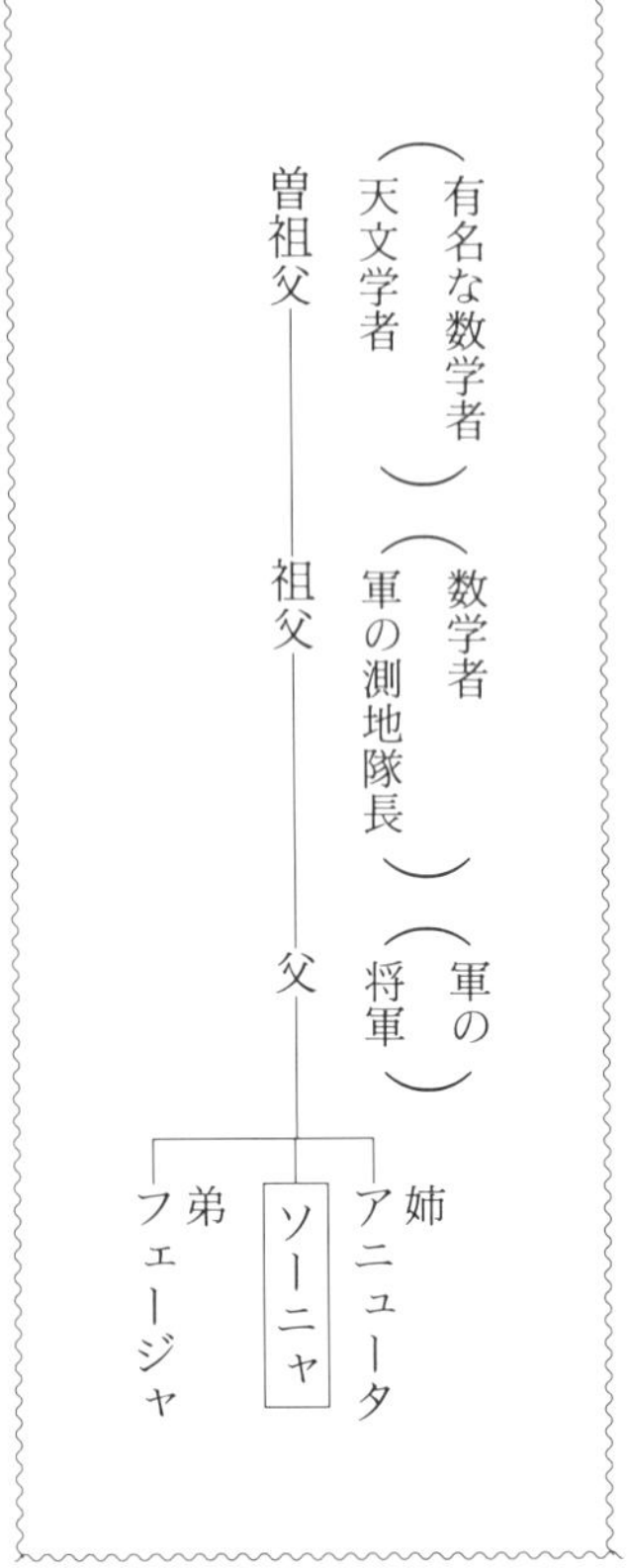

あった。

父はロシア軍の将校であったため、軍務の関係でしばしば移転し、生活もさほど豊かではなかった。そのため彼女の子ども部屋の破れた壁には、壁紙が貼られていた。

ソーニャは、この壁紙にかかれている奇妙な記号をもった不思議な数式に関心を抱き、その神秘な印を何時間もみて、一つでもいいから、その意味を解こうと考えたりした。

また、その紙面の数式があととどう続くのか、順序がどうなっているのかを想像したりして、いつしか、これらが記憶にはっきりと刻みこまれたのである。

何年か経て、一五歳のとき、ペテルブルクの有名な教師ストラノリュプスキーから微分学の授業を受けたとき「以前から知っていたかのように」スラスラ内容を理解することができたという。

この壁紙は、父が若いとき使ったオストログラッキーの微分積分の本の何ページかの紙であったからである。

彼女は、文才にも恵まれ、数学の研究と両立させていた。

当時、ロシアの大学では女子学生を入学させることがなかったため、ソーニャは外国へ行くことを考え、契約結婚をしてドイツへ行き、評価の高いハイデルベルク大学で優れた教授たちの数学の講義を聴くことができた。またここで、有名なワイヤストラス（〝詩人の心〟二三ページ参考）に直訴して個人教授を依頼し、四年間勉強することができた。博士論文は『偏微分における方程式論』で、ゲッティンゲン大学から博士号を受けたが、望む職は得られなかった。

女性には大学への門が閉ざされ、一人で外国へ行くことが認められない上、博士の学力があっても正式の教授になれない、という種々の圧迫を受け続けたのである。

ソーニャが数年間パリで過したとき、若いポーランド人と親密になった。彼は数学者で詩人で、また革命家であった。〝数学者で詩人〟という人への感情は、ワイヤストラスの影響か、彼女自身がそれをもち合わせていたので共鳴したのか……。

彼女は次のような言葉を人に語っている。

「私が文学と数学と二つの仕事を同時にできることに驚かれるのはよくわかります。数学は多くの想像力を必要とする科学で、一九世紀の指導的数学者の一人（ワイヤストラスのこと）が述べたように、詩人の魂をもたない人は数学者になれないというのはまったく正しいと思います。詩人も数学者も他の人が知覚しないものを知覚すべきです。」

捕虜収容所での研究

〝ロシアと壁〟ということになると、フランスの数学者ポンスレ（一七八八〜一八六七）をあげないわけにはいかないであろう。

彼は捕虜収容所の「壁」と消し炭で『射影幾何学』という先端の数学の研究をした。これについては、本書一〇四ページを参考にして欲しい。

第5章

ロシアをめぐるすばらしき数学者たち

↑ クレムリン宮殿

← モスクワの街

一、数学者三人組の活躍

独露の接点の要地

すでに述べてきたように、ケーニヒスベルク（後カリーニングラード）は、ドイツとロシアがそれぞれ自国領土とした関係があり、文化的にも両国の接点になっている。

三須照利教授は、一九世紀後半のこの地で、数学者〝親友三人組〞が活躍していたことを発見し、フッと、友人の数学者三人組の話を思い出した。

その中の一人は、三須照利教授に〝たがいに切磋琢磨して勉強した体験談〞をこう話した。

「二五才から三年間、三人で毎年一週間の合宿生活をしたものです。

学生時代から親しく、その頃おたがい独身だったので、夏休みに湘南の片瀬海岸近くにある教科書会社の寮をかり、自炊しながら、上のような日課で――、イヤー、よく熱心に勉強しました。

三人組の生活日課

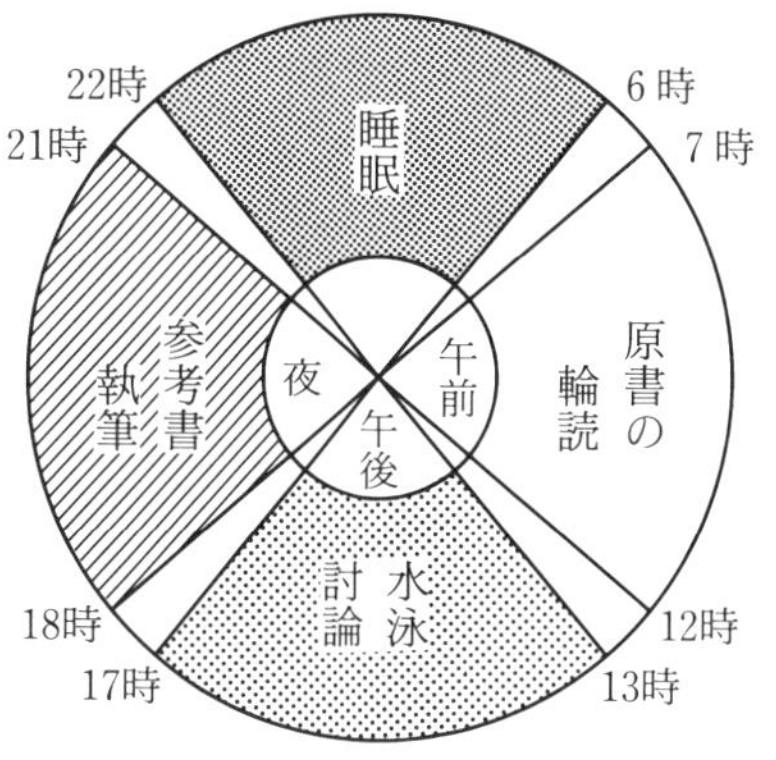

朝早く起きて、英文の数学原書を輪読し研究を深め、午後は水泳で気分転換したあと、かってな数学や数学教育の議論をし、夜は、合宿費用を作るために数学参考書の執筆などしてね。あの三年間はその後の研究に大きく役立ったものです。」

この三人は後に、埼玉、神奈川、静岡各県の国立大学数学教授になったのである。

若いとき、数学について論じ合うというのは、なかなか効果的なものであるといえる。

18・19世紀数学黄金時代の三都

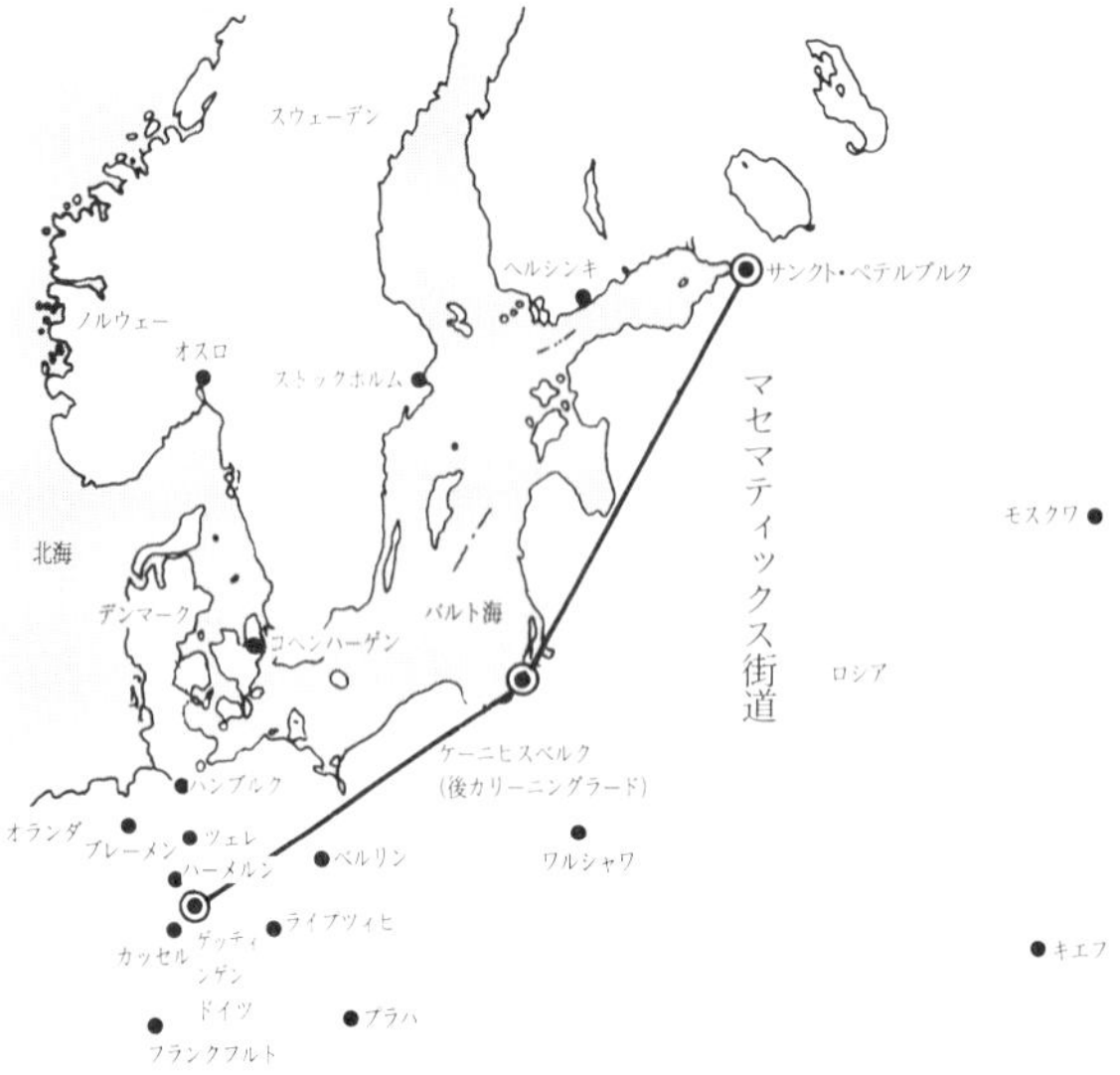

さて、ケーニヒスベルクにおける数学者三人組とは誰であろう。また、どんな切瑳琢磨の方法をとったのであろうか。

三人はフルウィッツ、ヒルベルト、ミンコフスキー、という超一流の数学者である。

この三人の出会いから話をはじめよう。

円周率πの超越性を証明して有名になったリンデマンがケーニヒスベルク大に教授として入り、彼はここで若いフルウィッツをゲッティンゲン大学から助教授として招いた。

この大学には、学生としてヒルベルトと、二つ年下のミンコフスキーがいたのである。

ヒルベルトは、ケーニヒスベルク生れで、ケーニヒスベルク大学を卒業したが、ミンコフスキーはロシア生れのユダヤ人で、ロシアでの迫害を逃れ、当時ドイツ領であったケーニヒスベルクへ移住し、ここの大学生となっていた。

助教授　フルウィッツ　（一八五九〜一九一九）
学　生　ヒルベルト　（一八六二〜一九四三）
〃　　ミンコフスキー（一八六四〜一九〇九）
｝この三人がフルウィッツを指導者役として、毎日午後五時に落ち合い、町を散歩しながら数学を論じ合ったのである。

とりわけ、ドイツ数学界の中心地であったゲッティンゲン大学からきたフルウィッツが語る、当時リーダー格のクロネッカー、クライン、また『集合論』創設のカントールなどの研究情報は若い二人の大きな刺激となった。

ケーニヒスベルクの街は哲学者カントが生れ、一生を過したことからわかるように、思索、思考の地であり、おそらくこの三人は、ケーニヒスベルクの七つの橋を渡りながら熱心な討論をしたことであろう。三人はその後

フルウィッツはチューリッヒ工科大学
ミンコフスキーはボン大学　｝へと移った。
ヒルベルトはゲッティンゲン大学

次にヒルベルトとミンコフスキーの業績をみてみよう。

散歩しながらの議論

ドイツ数学界のいまの話題,課題はね‥‥‥
カントールやクラインは?
クロネッカーの考えは?

ヒルベルトは、リンデマン（円周率の研究者）のすすめで、『不変式論』の研究で一八八四年に学位をとり、翌年三人組のリーダー、フルウィッツの先生であるクラインをライプチヒに訪ねた。クラインは『クラインの壷』の創案や数学教育への提言で有名な数学者である。後にゲッティンゲン大学の教授になる。

ヒルベルトはクラインの招きで一八九四年にゲッティンゲン大学に就任し、『幾何学の基礎と構成』、『解析学』、さらに『理論物理学』などの研究をした。『ヒルベルトの二三の問題』（一九〇〇年）は有名。彼は、女流数学者ネーターを、ゲッティンゲン大学の正式な地位に就任させようとして反対されてできず、「大学は浴場ではない」という有名な言葉を残している。

この頃のゲッティンゲン大学の数学教授スタッフは、クライン、ヒルベルト、ミンコフスキー、ルゥンゲ、さらに、若手のシュミット、ブルーメンタル、ツェルメロ、ワイルなど後世に名を残すそうそうたる学者がそろい、ヨーロッパ数学の中心地となっていた。

ミンコフスキーは、ケーニヒスベルク大学、ゲッティンゲン大学の教授をしたが、その間チューリッヒ大学の教授時代にはアインシュタインを教えている。

彼の研究は、$x^2+y^2=z^2$ から整数の三数の組（ピタゴラス数）を求める不定方程式に挑戦し、『数の幾何学』の理論を創設した。一九〇五年に教え子のアインシュタインが特殊相対性理論を発表したとき、ミンコフスキーがこれに幾何学的意味を与えたのは有名な話である。

特殊相対性理論を四次元空間の幾何にしたが、この空間を『ミンコフスキー空間』とよぶ。

二、確率論の構築

ナゼ、ロシアでか？

確率論は、一五世紀以降のヨーロッパ大航海時代の幕開けを果たし、一攫千金を得たイタリアにおいて、〝偶然を数量化する〟ことから、数学者でしかも専門賭博師のカルダノが研究をしたのが始

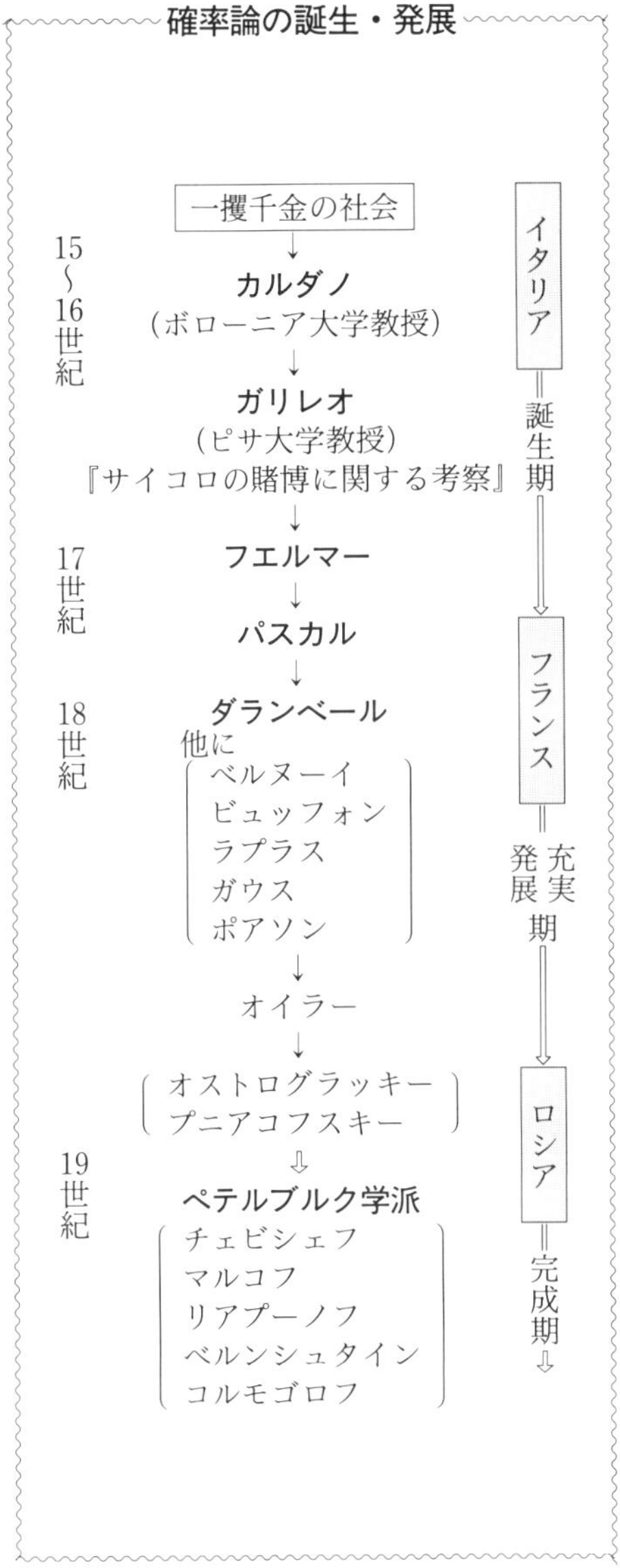

めである。確率の研究はイタリアに次いでフランス、そしてロシアへと引き継がれていった。数学にもいろいろな分野、領域があるが、主たる発展や充実が、民族、国家によって独特であるのが、きわめて興味深い。

古くは、ギリシアの幾何学、インドの代数学がその代表であり、近代では、

イタリアの計算術——方程式

イギリスの統計学——推計学

フランスの近代幾何学（座標幾何学、画法幾何学、射影幾何学）

ドイツの整数論、関数

そして

ロシアの確率論

という具合である。もちろん民族、国家の特徴とは関係なく、数学の広い領域や内容について万能的な才能を発揮している数学者もいる。たとえば、

○有史以来最高の三大数学者といわれるアルキメデス、ニュートン、そしてガウス。

○ライプニッツ、オイラーなども幅広い研究をしている。

さて、ロシアにおいてなぜ『確率論』なのか？

各民族各国家にそれぞれ特徴がある

イタリアで『確率論』が誕生した理由は、一攫千金社会での陽気なラテン系民族で必然的に賭博が盛んとなり、加えて数学タイプも計算術であったことによる。この学問がフランスに移ったのは、国土が接している上、同じ繁栄社会のラテン系民族であることによったと思われる。

しかし、ここからロシアまでは物理的に遠い上、民族的にも異なるのである。

三須教授はこのミステリーに注目し、ロシア数学者について調査を深めた。

ペテルブルク大学の二人の数学者、オストログラッキー（一八〇一〜一八六一）とブニアコフスキー（一八〇四〜一八八九）が一八二〇年頃、フランスに留学し当時のフランスの応用数学を学び、これをロシアにもち帰ったことが、ロシアで『確率論』を発展させるきっかけとなったことが判明した。

そのあとを受けたのが「チェビシェフの不等式」で有名なチェビシェフ（一八二一〜一八九四）である。

彼はモスクワ大学卒業後、ペテルブルク大学教授となり、確率論の〝ペテルブルク学派〟の創設者となった。彼には二人の高弟マルコフ（一八五六〜一九二二）、リアプーノフ（一八五七〜一九一八）がおり、その後ベルンシュタイン（一八八〇〜一九六八）らが研究を引き継いだ。

マルコフは、大数の法則や中心極限定理などについての業績がある。彼はペテルブルク大学でチェビシェフから『確率論』を学び、同大教授となったが「マルコフ過程」で有名である。

『確率論』を完成したのはモスクワ大学卒で同大教授のコルモゴロフ（一九〇三〜？）である。一九三二年に「コルモゴロフの公理系」を発表し、確率の公理化論に成功した。

秘話★裏話

血と芸術・学問の都ペテルブルク

芸術面では、バレエ『白鳥の湖』の成功があり、オペラ『スペードの女王』やトルストイの小説の舞台である。

数学面では、『セント・ペテルブルクの問題』、ペテルブルク学派など、が生れた。

古都ペテルブルクは一般には、〝白夜の都〟〝水の都〟〝英雄の都〟として知られているが、これは外面的なことで実は芸術、学問の都である。

ペテルブルクとは「西欧に開かれた窓」の意味で、若いピョートル大帝が一七〇三年、「西欧に追いつけ、追いこせ」を目標に、沼地に多量の土や石を遠くから運ばせ、水面から九メートルもかさあげした人工土地を造成したのである。

ロシア各地から集められた労働者は、寒さや、赤痢などの病気でバタバタ倒れ、ここでの死者は三万人とも一〇万人ともいわれている。しかし、ピョートル自身も労働に参加したという。

これ以外でも、二月革命、十月革命、さらに「ドイツ軍九百日の包囲」での死者八〇万人など多くの血が流された都でもある。

ピョートル大帝の銅像

三、活躍したロシア数学者たち

「ペテルブルク派」以外

一五世紀に、イタリアで開幕したヨーロッパ数学は、一六世紀以降、独、英、仏が中心になって、古典数学の発展と、新しい数学の創造が活発におこなわれたが、ロシアはこれら先進国からだいぶおくれ、一九世紀に入ってからになる。

活躍した著名なロシア数学者は上の表のようで、ここでは、上表中★印の数学者についてその業績を紹介し、ロシアの数学を知って頂くことにしよう。

この四人の前に、その前段階で活躍した一八世紀のオイラーから始めることにする。

オイラー（一七〇七〜一七八三）は、スイス人であるがペテルブルクで長く研究生活を送り、ロシア数学発展に貢献することが大であった。

活躍したロシアの数学者（年代順）

	年代順
★ロバチェフスキー	
チェビシェフ	（確率）
コワレフスカヤ㊛	（146ページ）
マルコフ	（確率）
リアプーノフ	（確率）
ミンコフスキー	（152ページ）
★ビノグラドフ	
★キンチン	
コルモゴロフ	（確率）
★ポントリャーギン	

彼の父は数学一家ベルヌーイのヤコブの弟子として数学を学び、この父から教育され、また、ベルヌーイのニコラス2世、ダニエル1世らと親交があり数学を学ぶ環境に恵まれていた。

彼は、数学、神学のほか、医学、東洋語、物理学、天文学などを幅広く学び、これが後に数学の広い領域で業績をあげたことにかかわると思われる。

たまたまペテルブルク・アカデミーが創立され、一七二七年ここに就任したが、二年前にニコラス2世(彼の前任者)、ダニエルがここで教鞭をとっていた。一時、ロシア宮廷の争乱をさけベルリンに行くが、再びペテルブルクへもどった。右眼の失明後、左眼の手術に失敗して盲目になったが、死ぬまで、優れた想像力、記憶力によって研究をし続けたという。

オイラーは、四五冊の本と七〇〇編以上の論文を書き、数学の部門で彼が手をつけないものはなかった、といわれる。オイラーの業績の中から興味深いものを列挙してみよう（巻末参考）。

(1) ケーニヒスベルクの七つの橋渡り問題（後にこれが『位相幾何学』、トポロジーとなる）。

(2) 三角形の垂心、外心、重心は一直線上にある。この直線をオイラー線という。

(3) 多面体の定理、(点)−(線)+(面)=2　オイラーの定理（標数）（六八ページ参考）。

(4) ゴールドバッハの問題の改作、あらゆる偶数は二つの素数の和で表される（未解決）。

(5) フェルマの問題、$x^n+y^n=z^n$ で $n=4$ のとき不可能を証明した。

など、一見初等的なものから高級な数学と研究領域は広い。

彼は後世、「一八世紀後半のすべての数学者にとってオイラーは共通の先生」といわれた。

ロバチェフスキー（一七九三〜一八五六）はカザン大学に入り、二一歳で教授になり、後に学長を務めた。彼の数学上の業績は、『非ユークリッド幾何学』の創案である。これはドイツの数学者ボヤイの息子の研究と偶然の一致である（四一ページ参考）。

ビノグラドフ（一八九一〜？）はペテルブルク大学教授で、ガウスと同じ整数論（特に合同式）の研究をおこなう。一九三三年に次の問題を証明した。

「十分大きなすべての奇数は、三個の素数の和として表される。」

キンチン（一八九四〜一九五九）は確率論の研究をし、『キンチンの定理』を作る。

ポントリャーギン（一九〇八〜？）は〝盲目の数学者〟として有名である。

数学者の中には年をとってから失明し、なお研究を続けたという人は、ド・モルガン、オイラーなど何人もいるが、ポントリャーギンは一四歳のとき爆発事故が原因で失明した。それ以後母親が彼の目となり、貧しい家庭の中で暇をみては本を読んで聞かせたという。彼はモスクワ大学で学び、抜群の記憶力と図形についての優れた空想力、創造力で『位相幾何学』の研究を進めた。

彼が数学を高いレベルまで学び続けられたことは、〝数学という学問〟の特性の一つを示したものということができよう。

最後に、モスクワ大学のあるモスクワの都を調べる。

ロシアの首都モスクワは一一四七年、ドルゴルーキー公によって創立された古都で、オカ川の支流モスクワ川をはさむ両側にある。

この都は、モスクワ運河でボルガ川と結ばれ、五つの海（バルト海、カスピ海、黒海、白海、アゾフ海）と連絡する位置にある。

一五世紀後半首都となり、一七一二年にペテルブルクへ首都が移転したが、十月革命後一九一八年に再び首都となる。

モスクワ大学のほか、クレムリン宮殿、ボリショイ劇場、モスクワ芸術座、歴史博物館などがある。

モスクワの中心

モスクワ大学

ゴーリキー通り

秘話★裏話

数学で〝命拾い〟

数学と数学者との間には、多くの秘話・裏話がある。
それらの中で、数学を学んだことで得をした、助かった、という人もいるであろう。

次の話など、なかなか興味深いものであろう。

一九五八年、「物理学ノーベル賞」受賞者であるソ連の物理学者タムは、ロシア革命直後に食糧の買出しで町に出たところ、ゲリラ隊につかまった。ゲリラ隊長は、

「ナニ？　貴様は、数学の教授だと。それならマクローリン級数を第n項で切ったときの剰余項は何かを言ってみよ。できたら許してやるが、できなかったら銃殺だ!!」

と言った。

もちろん彼は即座に言えて無事許されたが、後に彼は、

「一生でもっとも恐ろしい試験だった。」

と語ったという。

マクローリン級数

関数$f(x)$に対して級数

$$f(0)+f'(0)x+\frac{f''(0)}{2!}x^2+\cdots+\frac{f^{(n-1)}(0)}{(n-1)!}x^{n-1}+\cdots$$

（注）　マクローリンは18世紀のイギリスの代数学者

四、〝裏表〟のある数学

数学の基本的考えの一つ

数学では一つの問題に挑戦したとき、それが一筋縄でいかないとなると、それと同じ内容で別の形のもの――同値という――でよりわかりやすいものに代えて解こうとする方法をとる。

たとえば、『ユークリッド幾何学』の上の公理については次の同値のものを考える。

○直線上にない一点を通り、この直線に平行線はただ一本である（平行線の公理）。

○三角形の内角の和は二直角。

○四角形で三つの角が直角ならば残りの一角も直角。

この正攻法以外の工夫もある。

『原論』の公理(公準)第5

1つの直線が2つの直線に交わって同じ側に和が2直角より小なる内角を作るとき，この2直線は，それを限りなく延長すれば，直角より小なる線のある側において交わる。

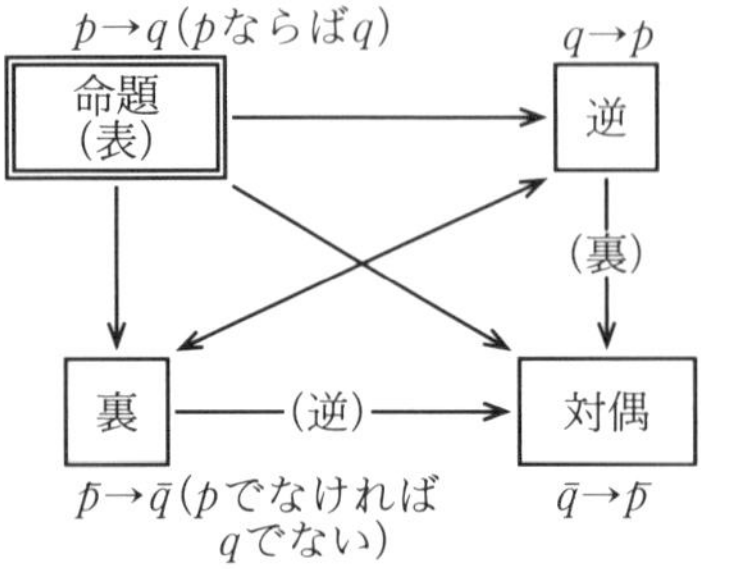

ある一つの命題を考えたとき、これから三つの命題が作られる。

〔例〕命題　表　12の倍数ならば、4の倍数である。（これが○のとき）

　　　　　裏　12の倍数でなければ、4の倍数ではない。（×）

　　　　　逆　4の倍数ならば、12の倍数である。（×）

　　　　　対偶　4の倍数でなければ、12の倍数ではない。（○）

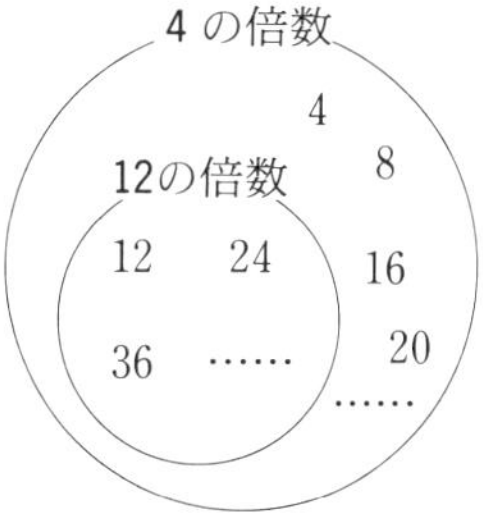

一般に、

〝裏、逆は必ずしも真ではない〟

といえる。

一つの命題（表）と、裏、逆、対偶の四つは、前ページの図のような関係がある。

(注)ある命題を証明する代りに、対偶を証明してもよい。この間接証明を「対偶法」という。

数学の世界では、裏、逆と〝似て非なるもの〟として上のハヒフヘホがある。

裏、逆とは一言でいえば、〝あること〟について〝そうでないもの〟に対してつけた言葉ということができよう。

裏，逆と〝似て非〟なる
数学ハヒフヘホ

反——反数，反比例，反例

非——非素数，非負数，
　　　非ユークリッド幾何学

不——不等式，不能，不定

偏——偏差，偏球，偏微分

補——補数，補角，補助線

つまり、数学では〝表〟だけを考えるのではなく、そうでないものをも考えるのである。

ここで、〝裏〟と、それに関係深い〝逆〟について考えてみよう。

裏、逆の対語としては、「表―裏」「正―逆」のように用いられている。数学用語の中から両者の例を拾い出してみよう。

数学の中の裏と逆

(裏)

- ○裏返し
- ○裏の待合せ　＊「待合せ理論」の中の語。
- ○裏目　＊曲尺(かねじゃく)の裏側の目盛り。
- ○定理の裏

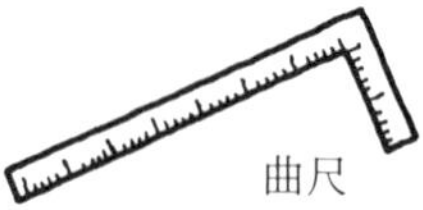

曲尺

(逆)

- ○逆九九
- ○逆演算，逆算
  ＊加法と減法，乗法と除法，微分と積分
- ○逆元(逆数，反数)
  ＊$a \cdot x = x \cdot a = e$となる元$x$のことを$a$の逆元という。$e$は単位元
  (例) $5 \times \frac{1}{5} = 1$，$5 + (-5) = 0$
- ○逆比例(反比例)
- ○逆順
  ＊ABの順に対してBA
- ○逆関数，逆写像
  ＊ $y = f'(x)$に対して$y = f^{-1}(x)$
  $y = a^x$に対して$y = \log_a x$
- ○逆C尺
  ＊計算尺のC尺と逆の目盛りの物指し
- ○逆思考
- ○逆説，逆理
  ＊パラドクス

ことのついでに、もう少し「対《つい》の用語」を探してみよう。
左の表がそれで、数学では、いかに対の用語が多いのかを発見するのである。
数学は広い意味で、〝裏・表関係の学問〟といえよう。

ペア（対《つい》）になっている用語

偶数——奇数	直線——曲線
正数——負数	鋭角——鈍角
実数——虚数	優弧——劣弧
最大——最小	内接——外接
有限——無限	長径——短径
陽関数——陰関数	開曲線——閉曲線
右辺——左辺	直円柱——斜円柱
直接——間接	凸面——凹面
上限——下限	単葉双曲面——双葉双曲面

陽関数 $y=f(x)$
　例　$y=ax+b$
陰関数 $f(x,\ y)=0$
　例　$ax+by=c$

直接証明
間接証明
　反　例
　同一法
　転換法
　対偶法
　………

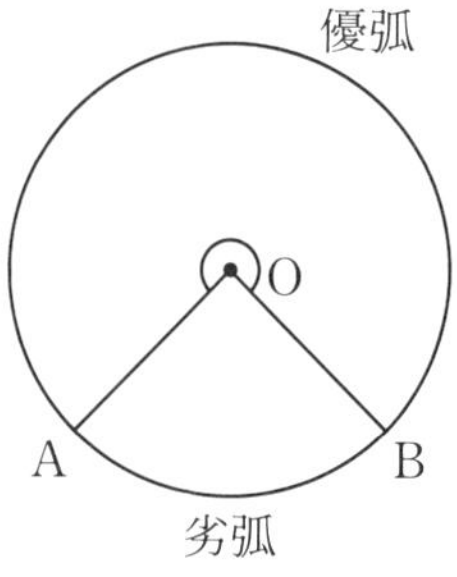

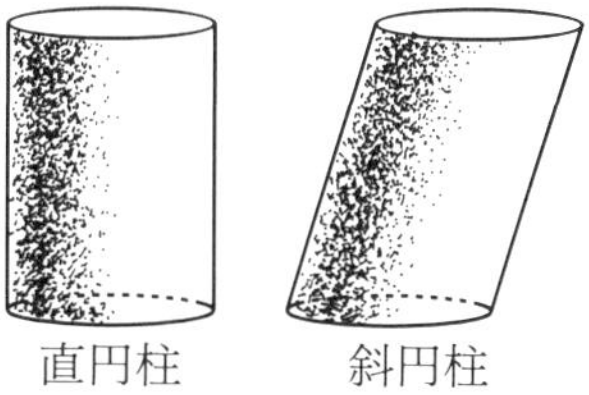

五、トポロジーとその後

数学は何でも研究対象にする

『トポロジー』（位相幾何学）については、その誕生と内容を六二ページで述べたが、トポロジーのイメージ、印象は左図に代表されるであろう。

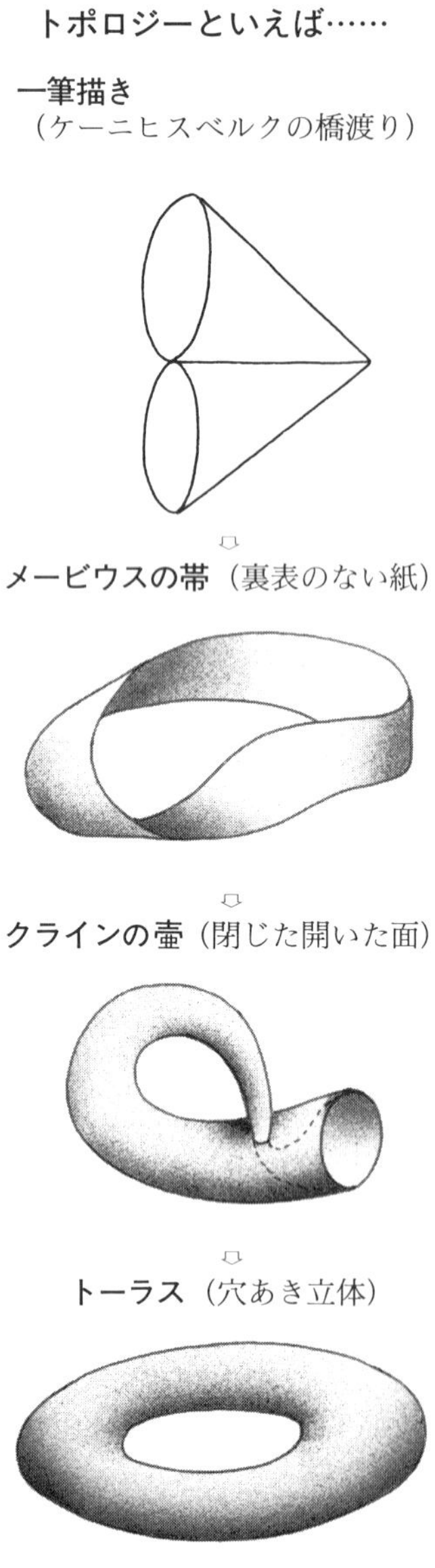

では、この数学がどのように発展したのかを簡単に紹介することにしよう。

トポロジーの最大特徴は、二千余年の伝統をもつ『ユークリッド幾何学』が、長さ、角度、面積などの計量中心であるのに対し、これらを捨象して定性（質）的な面についての図形を研究する点である。

トポロジーでは、図形を、ある条件のもとでかってに変形することをおこなう。この伸縮してももとの図形に重ね合わせる図形を〝同相〟といい、記号≃を使って表す（位相幾何学の〝位相〟の語は位置の様相からきている）。

同相な図形，異相な図形

(1)　線（ゴムヒモ）

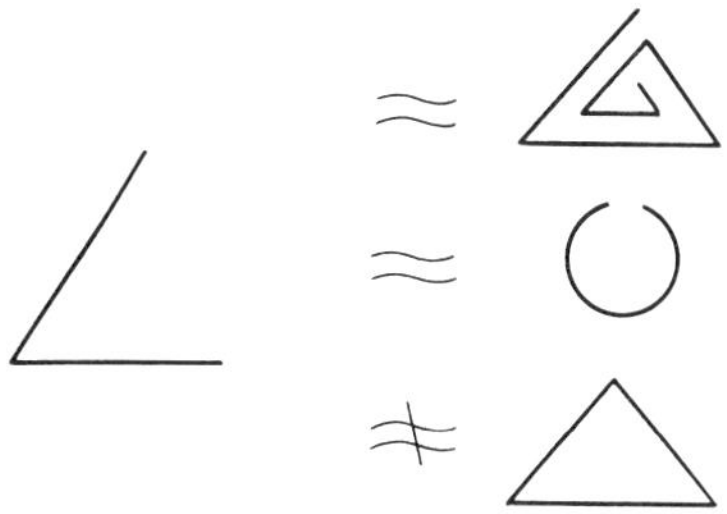

(2)　面（ゴム膜）

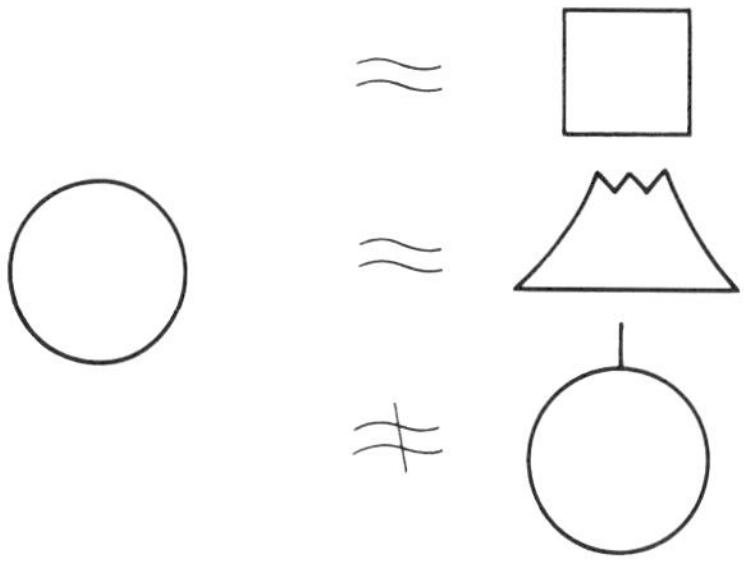

(3)　立体（粘土）

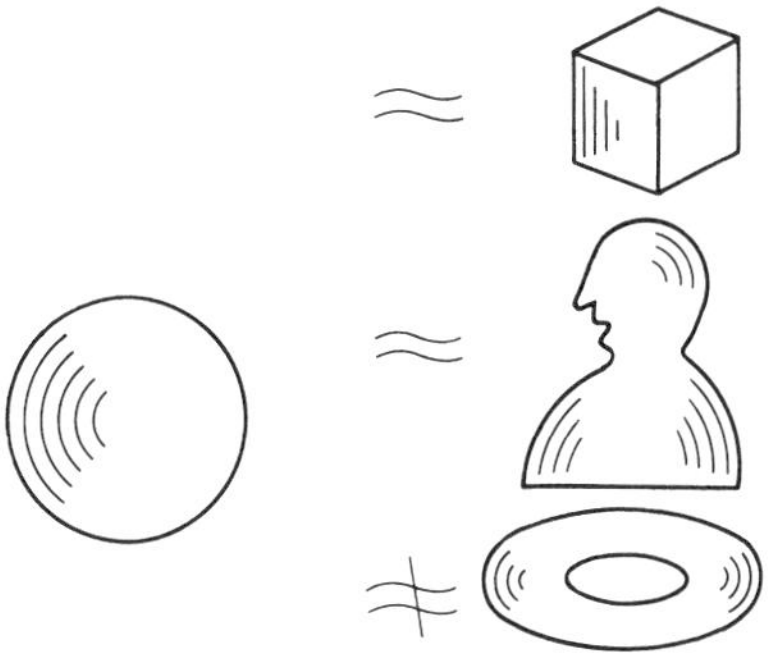

ここで、身近にあるトポロジーをいろいろな面から探し出してみよう。

トポロジー

⑺　案内図

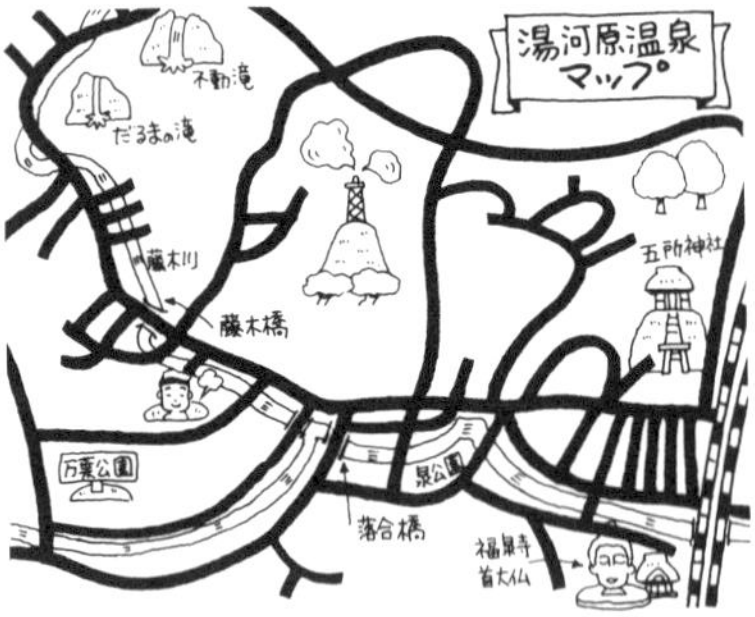

⑽　電気回路

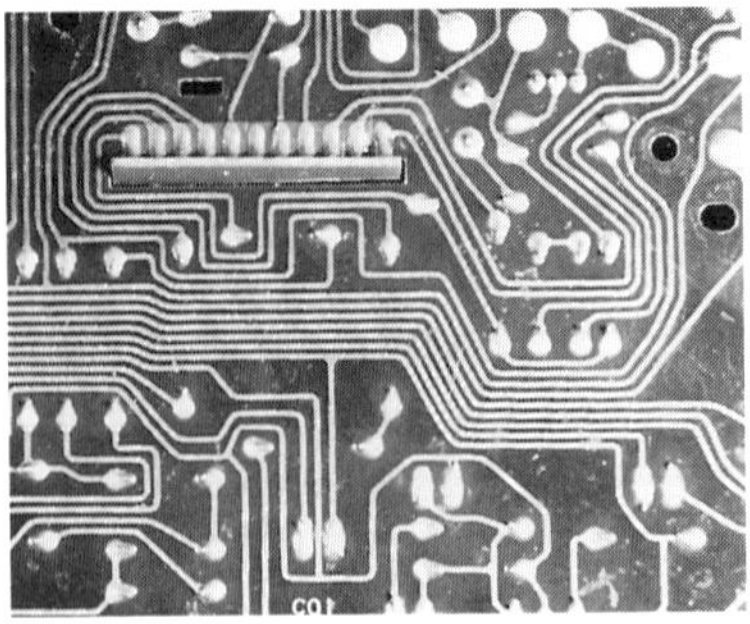

⑻　天気図

⑾　ネット・ワーク(配達経路)

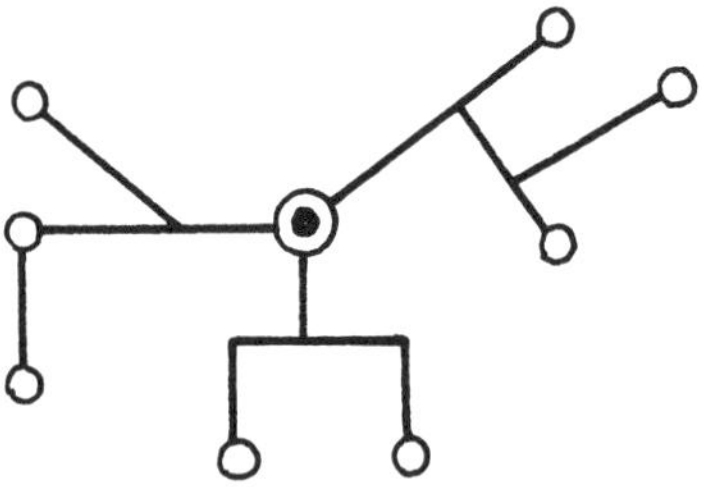

⑼　不動点(渦やつむじの問題)

⑿　ひも手品（ほどけるか？）

アンノッテッド

縦結び(男結び)

身近にある

⑴ 一筆描きパズル

⑷ 迷　路

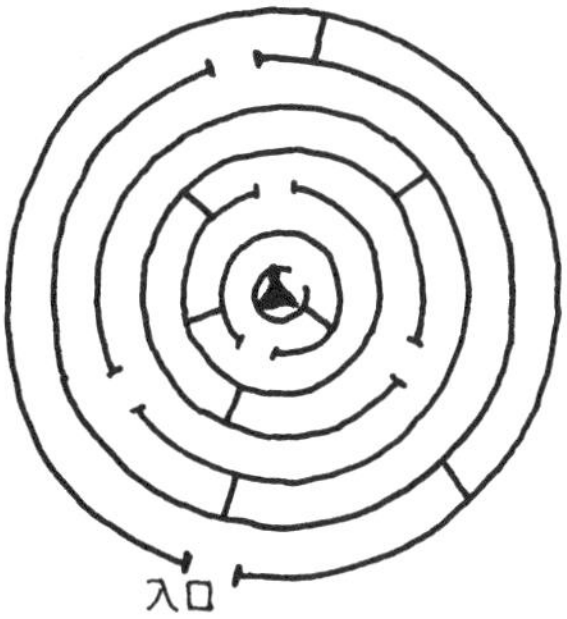

⑵ アミダくじ

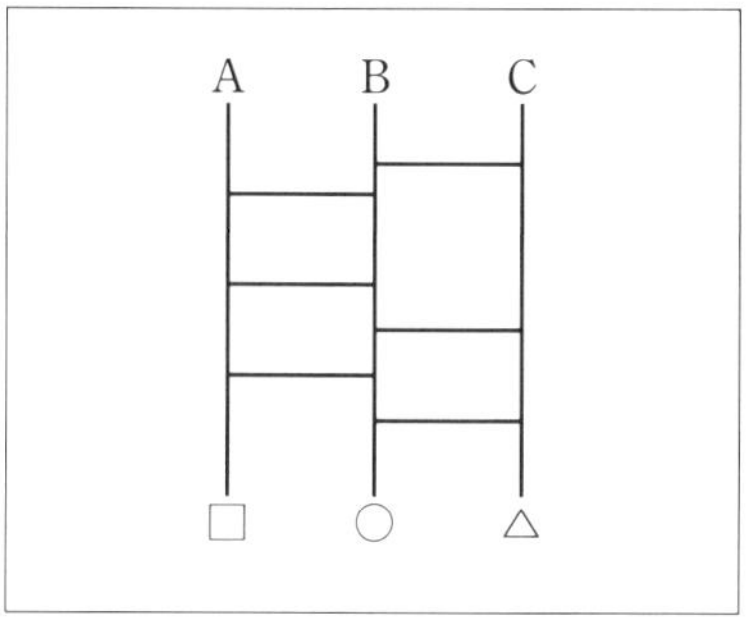

⑸ 地図の塗り分け問題(四色問題)

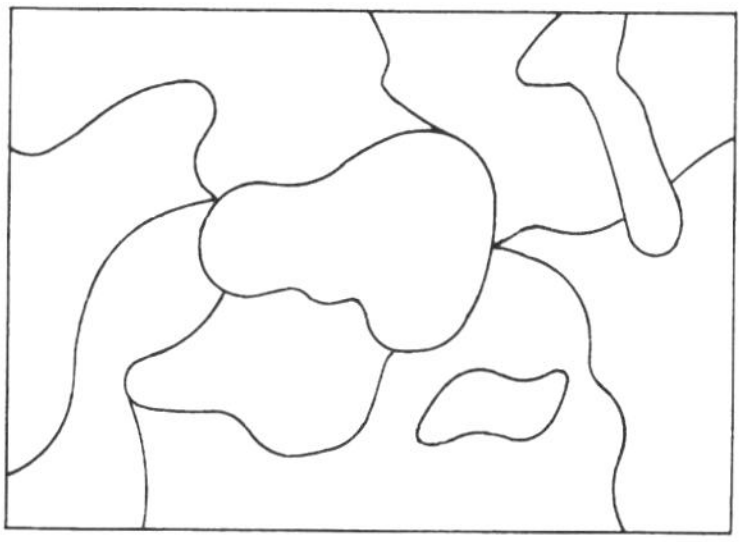

⑶ 樹形図

(家系図や生物系統樹なども)

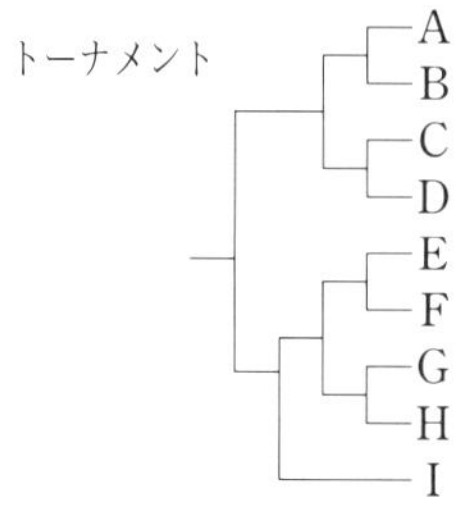

⑹ ソシオメトリー(親友相関図)

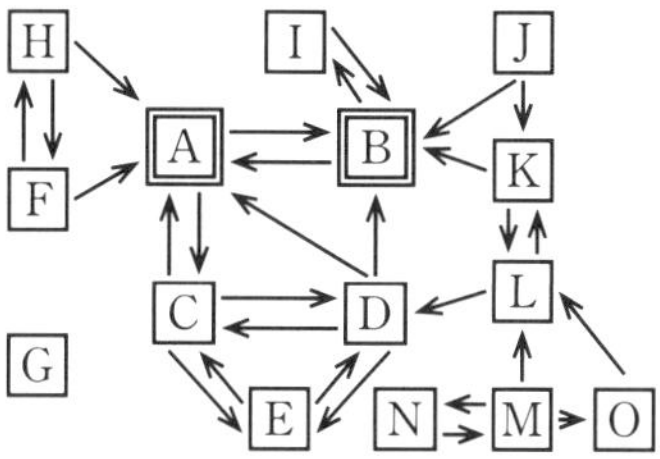

(J→Kは，JからみてKは親友)

前ページの例のほかにも数々みられるので、各自探してみよ。

図形の位相的性質が、系統的に研究されるようになったのは、一九世紀のフランスの数学者ポアンカレ（一八五四〜一九一二）からで、一九二〇年以後にルネ・トム、ミルナー、スメイルなどがさらに研究を深め、位相の考えは図形のみでなく数学全般へと広げられた。

ポアンカレは、ロバチェフスキーの平面のモデルを、ユークリッドの平面の中に実現してみせた（左図）が、これは二つが同相ということで非ユークリッド幾何学の存在を明示したものである（別のモデルとして一一四ページの擬《ぎ》球がある）。

ポアンカレのモデル

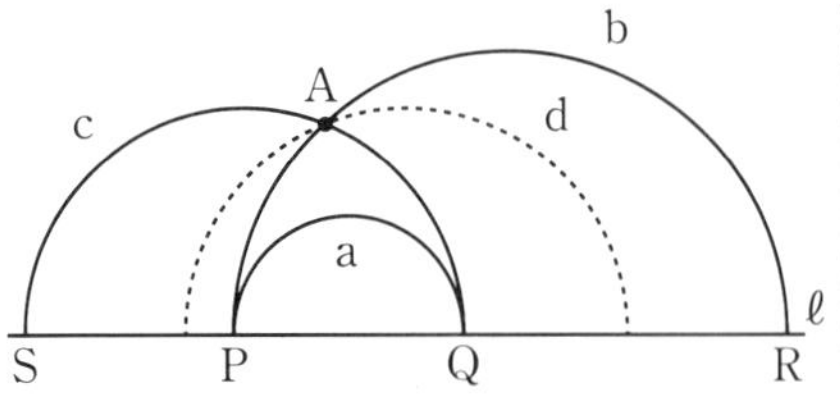

直線ℓの上半平面で，半円を直線と定義する。直線a外の１点Aを通る直線b，cを引く。このとき点Aを通り，直線b，cにはさまれた直線dは，aと平行で交わらない。このdのような直線は無数に引ける。

つまり，直線外の１点を通る直線は無数に引ける。

同相であるということは、ユークリッド幾何学が正しければ、ロバチェフスキーの非ユークリッド幾何学も正しい、ということになり、「どちらが正しいのか？」という当時の論争に終止符を打ったのである。

これは〝同相〟という考え方が、数学界で有効的に使用されるきっかけにもなった。

最後にトポロジーの応用・発展について簡単に述べよう。

一七〇、一七一ページの身近なトポロジーにある、電気回路やネット・ワーク、樹形図、系統図などは『グラフ理論』として有用性を高めている。

『カタストロフィー』は、一九七〇年フランスの数学者ルネ・トムが創設した理論で、不連続な事象、現象について位相幾何学の方法で解明しようとするもので、たとえば、次のものがある。

自然界――地震、火山の爆発、稲妻、雪崩、津波、ビッグ・バーン

生物界――昆虫・魚・植物の異常発生、動物の集団暴走

人間界――戦争勃発、株の暴騰・暴落、デモ集団の騒乱、友人関係や恋愛男女間の突如の亀裂・別離、突然死

カタストロフィーの型は七つあり、すべての不連続現象はこの型のどれかで説明できる、といわれている。

生物学、経済学、社会学の領域で有用な学問になろうとしている（ルネ・トムは一九五八年フィールズ賞）。

〔上の型の例の説明〕「買わない」（A）が、セールスマンの熱意の「これが最後！」の一言で急に「買う」（A′）に変化。

型の１つ
（例）お客とセールスマン

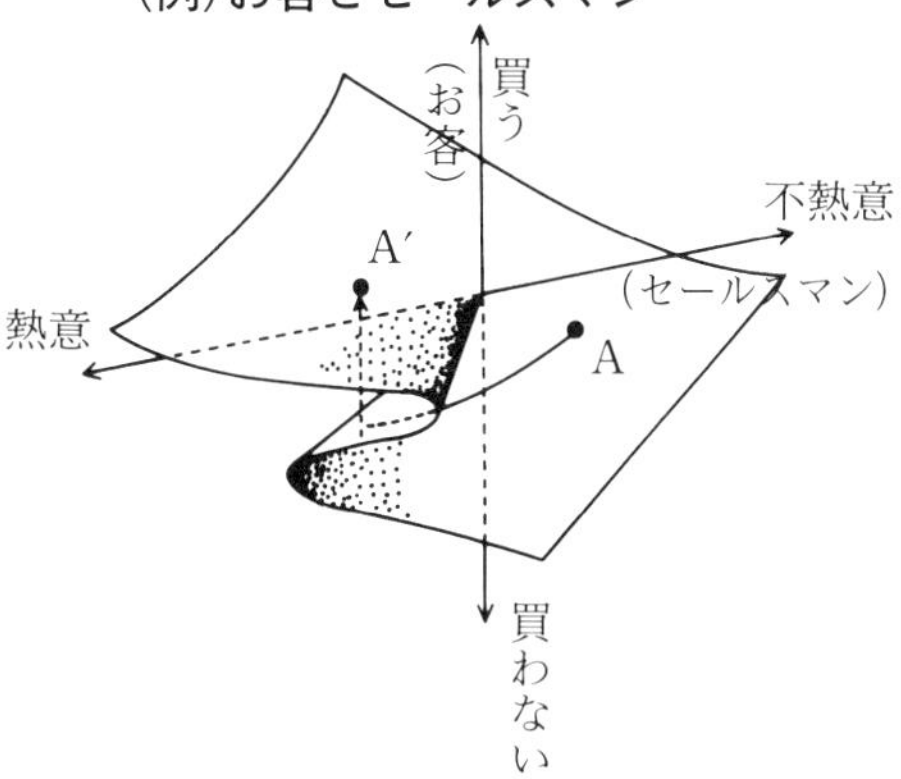

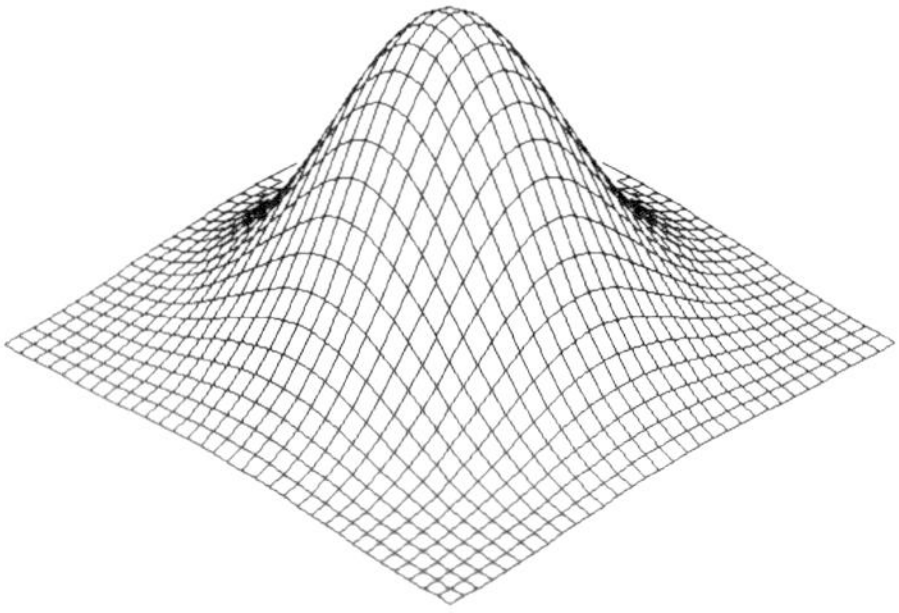

コンピュータ・グラフィック

『フラクタル』は、一九七〇年の中頃アメリカのハーバード大学の数学者ベノワ・マンデルプロート教授が創設した理論で、海岸線や山脈や雲の形のような複雑な形を扱う幾何学である。

輪郭線の部分を拡大していくと、もとの形が〝入子《いれこ》〟形（自己相似形、巻末参考）にたたみ込まれている数学的な構造を足場にし、これらの複雑さをはかるフラクタル次元という物指しを提案した。

コンピュータを駆使した、コンピュータ・グラフィックの世界で図形の追求をするのである。

不規則な形の解明が目的で、次のものを対象にする。

自然界――海岸線、雲の形、川の蛇行、雪の結晶、山脈《やまなみ》、洪水頻度、太陽の黒点活動

生物界――樹木の影、海草紋様、ブラウン運動の軌跡

人間界――建築物、絵画、音楽など美に関するもの

など、カタストロフィーと同様、過去の数学感覚では考えられない広い範囲のものを対象としているのである。

数学は、その発展と有用性がどこまでも続いていく〝夢のある**メルヘン**な学問〟なのである。

著者紹介

仲田紀夫

1925年東京に生まれる。

東京高等師範学校数学科，東京教育大学教育学科卒業。（いずれも現在筑波大学）

（元）東京大学教育学部附属中学・高校教諭，東京大学・筑波大学・電気通信大学各講師。

（前）埼玉大学教育学部教授，埼玉大学附属中学校校長。

（現）『社会数学』学者，数学旅行作家として活躍。「日本数学教育学会」名誉会員。

「日本数学教育学会」会誌（11年間），学研「会報」，JTB広報誌などに旅行記を連載。


NHK教育テレビ「中学生の数学」（25年間），NHK総合テレビ「どんなモンダイQてれび」（1年半），「ひるのプレゼント」（1週間），文化放送ラジオ「数学ジョッキー」（半年間），NHK『ラジオ談話室』（5日間），『ラジオ深夜便』「こころの時代」（2回）などに出演。1988年中国・北京で講演，2005年ギリシア・アテネの私立中学校で授業する。2007年テレビ「BSジャパン」『藤原紀香，インドへ』で共演。

主な著書：『おもしろい確率』（日本実業出版社），『人間社会と数学』Ⅰ・Ⅱ（法政大学出版局），正・続『数学物語』（NHK出版），『数学トリック』『無限の不思議』『マンガおはなし数学史』『算数パズル「出しっこ問題」』（講談社），『ひらめきパズル』上・下『数学ロマン紀行』1～3（日科技連），『数学のドレミファ』1～10『世界数学遺産ミステリー』1～5『おもしろ社会数学』1～5『パズルで学ぶ21世紀の常識数学』1～3『授業で教えて欲しかった数学』1～5『ボケ防止と“知的能力向上”！ 数学快楽パズル』『若い先生に伝える仲田紀夫の算数・数学授業術』『クルーズで数学しよう』（黎明書房），『数学ルーツ探訪シリーズ』全8巻（東宛社），『頭がやわらかくなる数学歳時記』『読むだけで頭がよくなる数のパズル』（三笠書房）他。
上記の内，40冊余が韓国，中国，台湾，香港，タイ，フランスなどで翻訳。

趣味は剣道（7段），弓道（2段），草月流華道（1級師範），尺八道（都山流・明暗流），墨絵。

メルヘン街道数学《かいどうすうがく》ミステリー

2007年7月7日　初版発行

著　者　仲《なか》田《だ》紀《のり》夫《お》
発行者　武馬久仁裕
印　刷　株式会社太洋社
製　本　株式会社太洋社

発行所　株式会社　黎《れい》明《めい》書《しょ》房《ぼう》

〒460-0002 名古屋市中区丸の内3-6-27 EBSビル ☎052-962-3045
FAX052-951-9065 振替・00880-1-59001
〒101-0051 東京連絡所・千代田区神田神保町1-32-2
南部ビル302号 ☎03-3268-3470

落丁本・乱丁本はお取替します。 ISBN978-4-654-00944-2

解説・解答

※世界数学遺産ミステリー③『中国四千年数学ミステリー』の〝遺題〟の解答もふくむ。

第１章　メルヘン街道のメルヘン数学

合同式(36ページ)

(1)　3の累乗の末位の数字は,

$3^1=3$
$3^2=9$
$3^3=27$
$3^4=81$
$3^5=243$
$3^6=729$
………

となり，3，9，7，1を
くり返している。
よって$3^9\equiv 3^5\equiv 3\ (\mathrm{mod}\ 3)$。
$3^{20}=3^{5\times 4}\equiv 3^4\ (\mathrm{mod}\ 3^5)$
$3^4=81$なので3^{20}の末位は1。

(参考)　$3^{20}=3486784401$

(2)　9の倍数のみつけ方

$10000\equiv 1000\equiv 100\equiv 10\equiv 1\ (\mathrm{mod}\ 9)$
よって4桁の整数
$10000a+1000b+100c+10d+e$
$\equiv a+b+c+d+e\ (\mathrm{mod}\ 9)$
これから数字の和が9で割れるか調べればよい。

11の倍数のみつけ方

$10000\equiv 100\equiv 1\ (\mathrm{mod}\ 11)$
$1000\equiv 10\equiv -1\ (\mathrm{mod}\ 11)$
よって4桁の整数
$10000a+1000b+100c+10d+e$
$\equiv a-b+c-d+c\ (\mathrm{mod}\ 11)$
これから，1つおきの数字の和の数の差が11の倍数か，0かを調べればよい。

(3)　方程式の解　$2x-3\equiv 0\ (\mathrm{mod}\ 7)$ では，

$x=5,\ 12,\ 19,\ \cdots\cdots$

無数に解がある。

$x^2\equiv 23\ (\mathrm{mod}13)$ では，

$x=6,\ 7,\ 19,\ \cdots\cdots$

黄金比、裁断比（46ページ）

いずれも…を捨て下から計算していく。

$$1+\cfrac{1}{1+\cfrac{1}{1+\cfrac{1}{1+\cfrac{1}{1+\cfrac{1}{1}}}}}=1+\frac{5}{8}=\frac{13}{8}\fallingdotseq 1.62$$

$$1+\frac{1}{2}\quad 1+\frac{2}{3}\quad 1+\frac{3}{5}\quad 1+\frac{5}{8}$$

$$1+\cfrac{1}{2+\cfrac{1}{2+\cfrac{1}{2+\cfrac{1}{2+\cfrac{1}{2}}}}}=1+\frac{29}{70}=\frac{99}{70}\fallingdotseq 1.414$$

$$2+\frac{2}{5}\quad 2+\frac{5}{12}\quad 2+\frac{12}{29}\quad 1+\frac{29}{70}$$

第２章　瞑想都市ケーニヒスベルクの町の遊び

一筆描き（60ページ）

(1)　奇数点４個なのでできない。

(2)　奇数点から始めればできる。

(3)　全部偶数点なので，どこから始めてもできる。

(4)　奇数点４個なのでできない。

多角形(62ページ)

全て直線で囲まれた図形——閉図形——である。

「三角定規」と「ガラス窓のあるドア」(64ページ)

三角定規………………6 − 9 + 3 = 0

ガラス窓のあるドア…12−18+5=-1

中空角柱と円柱土管(69ページ)

中空角柱…ヒントから

16−32+16= 0

円柱土管…下図のように考え，直方体の示性数は2で，これに「切る」作業が上下2つ入っているから，

4 − 8 + 4 = 0

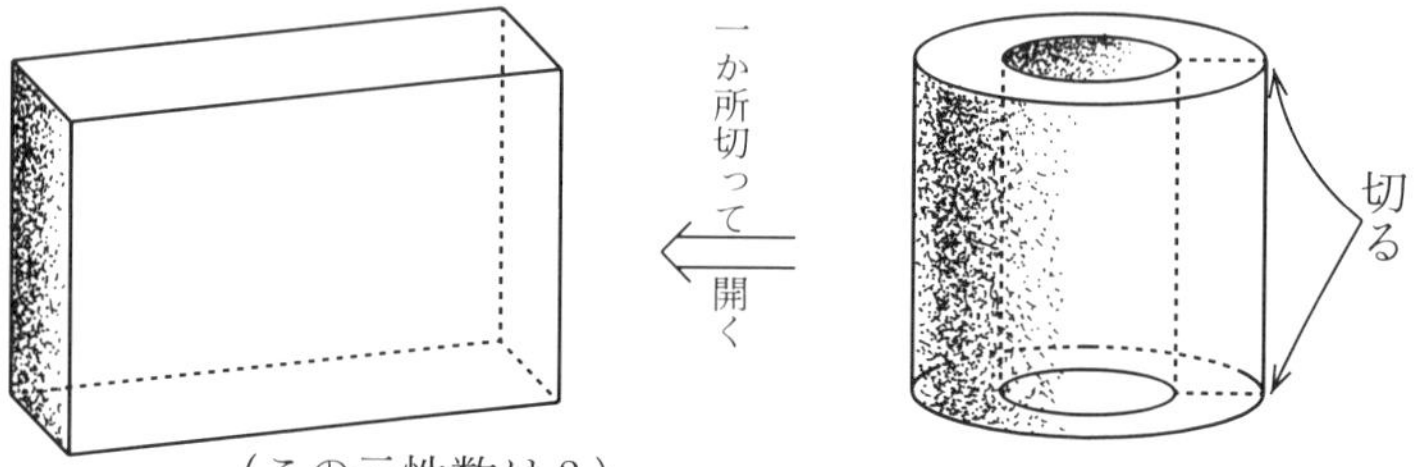

(この示性数は2)

球面とドーナッツ面(71ページ本文)

球面では円で囲める。ドーナッツ面では円で囲っても全面自由に動ける。

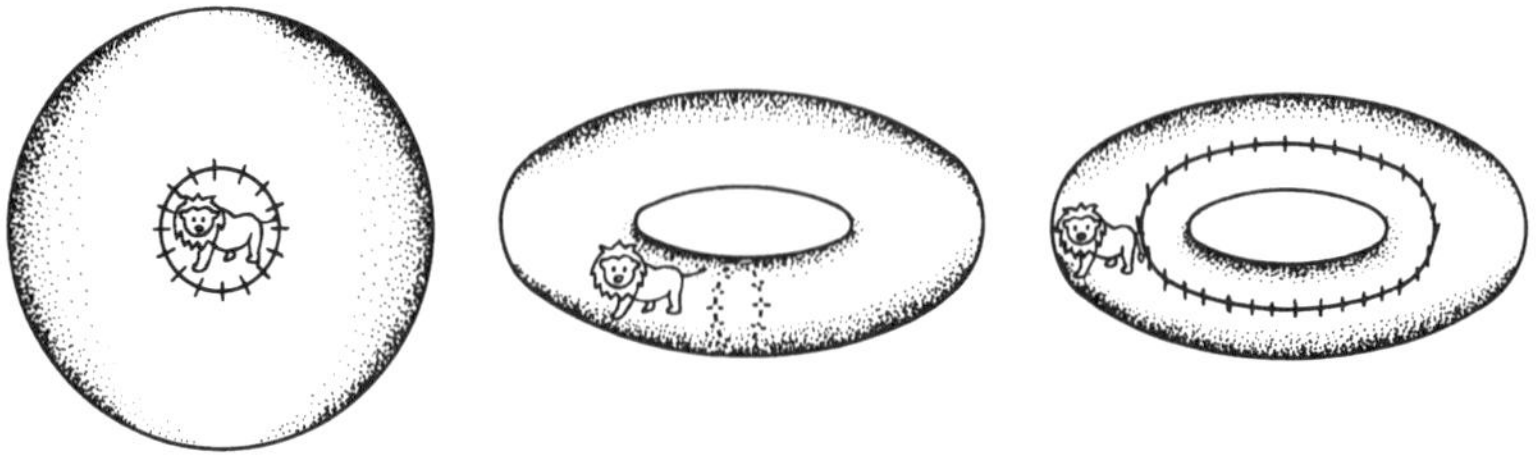

面上の５点を結ぶ（71ページ）

図１　結べない　　　図２　結べる　　　図３　楽に結べる

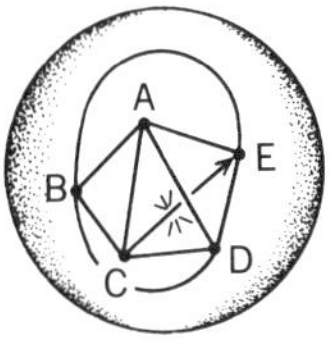

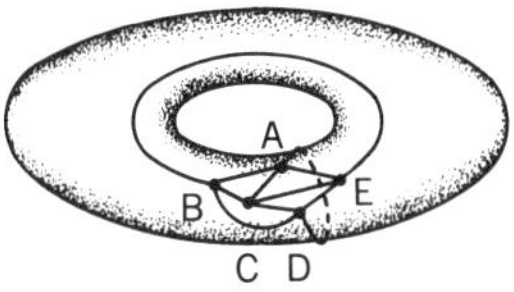

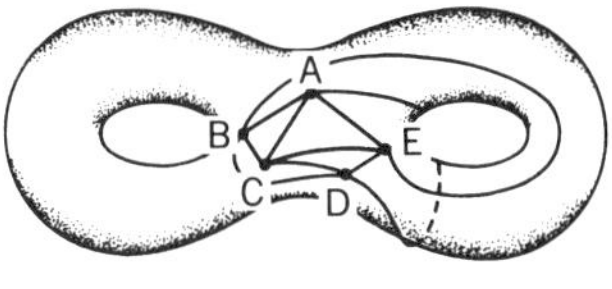

第３章　ドイツ，メルヘン数学への航海

ライプニッツの公式（108ページ）

$$\frac{\pi}{4} \fallingdotseq 1-0.33333+0.2-0.14286+0.11111-0.09090$$
$$=1.31111-0.56709$$
$$\frac{\pi}{4} \fallingdotseq 0.74402 \quad \text{よって} \pi \fallingdotseq 2.97608$$

第４章　〝白鳥の湖〟とロシアの数学

マヤの〝暦のピラミッド〟（133ページ）

（別解）

$365=(121+122+123)-1$

$365=2^2+4^2+6^2+8^2+10^2+12^2+1$　（偶数）

$365=1^2+3^2+5^2+7^2+9^2+11^2+13^2-90$

（奇数）

中国の読み物（西安にて）

幾何学的確率（138ページ）

（解３）が正解。（解１）は弧の$\frac{1}{3}$，（解２）は線分の$\frac{1}{2}$，（解３）は面積の$\frac{1}{4}$で，それぞれ基準がちがう。（解１），（解２）も観点を変えると〝通る部分〟は（解３）となる。

数の集合（143ページ）

●有理数の集合が可付番集合である説明

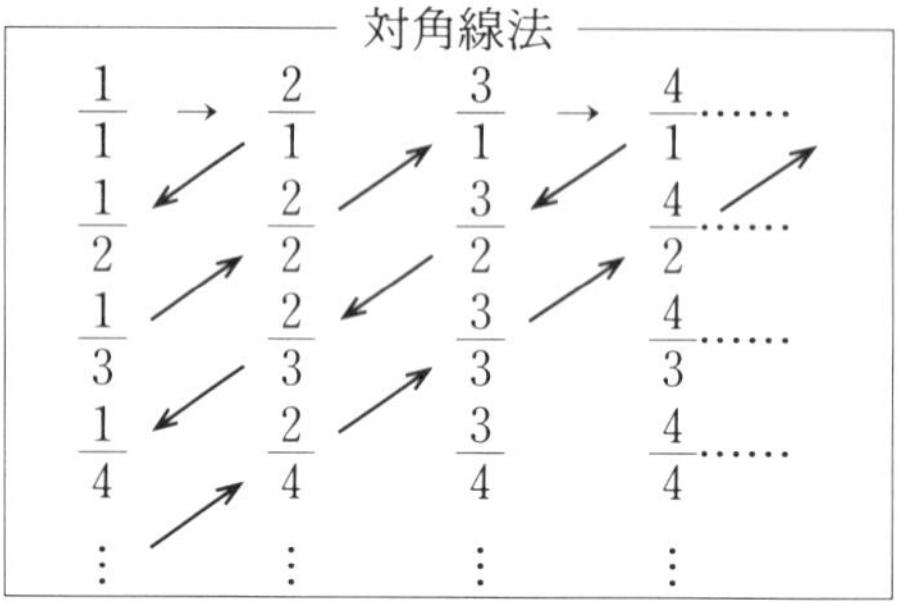

左の方法ですべて順序付けられる。

●実数の集合が可付番集合である説明

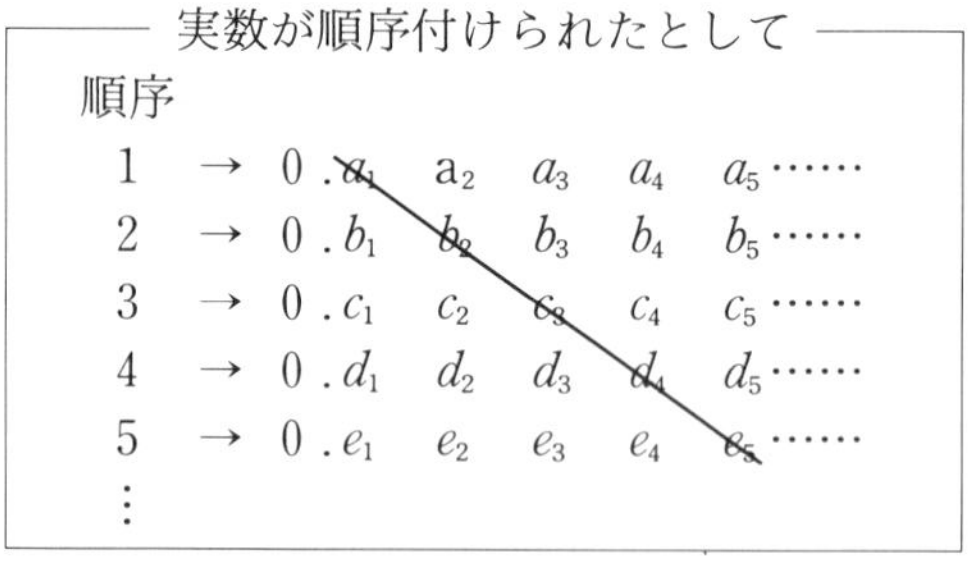

いま、小数第１位をa_1でないa'_1
小数第２位をb_2でないb'_2
として小数０．$a'_1b'_2c'_3d'_4e'_5$……を作ると、順序のついてない新しい数ができる。

無限大の計算（144ページ）

(4)，(8)を除いてすべて∞。

((4)，(8)では∞が a， c で異なる）

第５章　ロシアをめぐるすばらしき数学者たち

オイラーの業績（160ページ）

⑴　省略

⑵　右の図

（Hは垂心，Oは外心，Gは重心。）

⑶　省略

⑷　ゴールドバッハがオイラーにあてた手紙に書いたもので「５より大きい任意の自然数は，３つの素数で表される。」

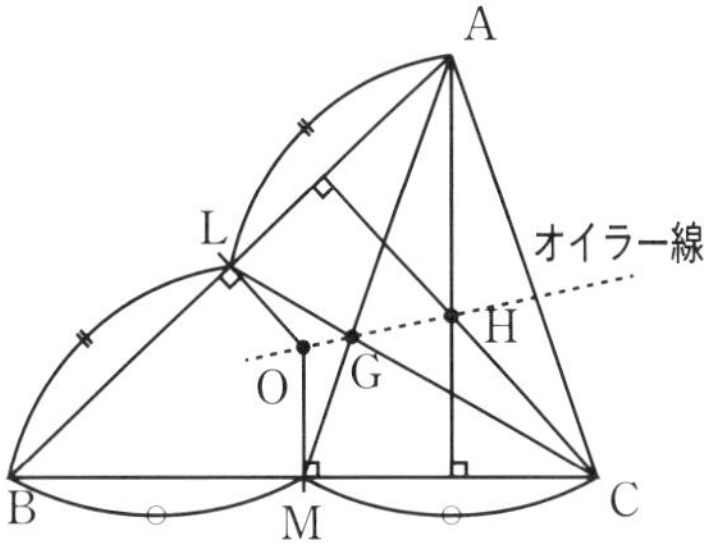

（例）19＝３＋５＋11

オイラーはこれを⑷のように改作した。

⑸　フランス17世紀の数学者フェルマの提案した問題で，賞金10万マルクのついた有名なもの。

「$x^n+y^n=z^n$（$n>2$）は整数解をもたない。」

“入子”（174ページ）

江戸時代の庶民のための算数書『塵劫記《じんこうき》』の中に「入子算」という計算問題がある。

大小，10個の相似形（一定の比の入子）の鍋があって，最小のものと全体の値段がわかっているとき，各鍋の値段を求める。という問題である。

現代のコンピュータによるフラクタル幾何図形にも登場する。

ロシアの名産物マトリョーシカ

世界数学遺産ミステリー③『中国四千年数学ミステリー』の〝遺題〟の答

（問１）　A～Dの数字を求めよ。

$$\begin{array}{r} ABCD \\ \times \quad\quad 9 \\ \hline DCBA \end{array}$$

（解）

$$\begin{array}{r} 1089 \\ \times \quad\quad 9 \\ \hline 9801 \end{array}$$

（問２）　各漢字に当てはまる数字を求めよ。

$$\begin{array}{r} \text{我們熱愛科学} \\ \times \quad\quad\quad\quad \text{学} \\ \hline \text{好好好好好好} \end{array}$$

（解）

$$\begin{array}{r} 142857 \\ \times \quad\quad\quad 7 \\ \hline 999999 \end{array}$$

（問３）　次の式が成り立つxを求めよ。

$$99+\frac{99}{x}=99\times\frac{99}{x}$$

（解）　$\dfrac{99x+99}{x}=\dfrac{99^2}{x}$

$$99x+99=99^2$$
$$99(x+1)=99^2$$
$$x+1=99$$
$$\therefore x=98$$

（問４）　次の数を分数で表せ。

①　0.371371……

②　0.5282828……

（解）

$$\begin{array}{rl} ①\ 1000x= & 371.371\cdots\cdots \\ -)\quad x= & 0.371\cdots\cdots \\ \hline \end{array}$$

$$999x=371$$
$$x=\frac{371}{999}$$

$$\begin{array}{rl} ②\ 1000x= & 528.28\cdots\cdots \\ -)\quad 10x= & 5.28\cdots\cdots \\ \hline \end{array}$$

$$990x=523$$
$$x=\frac{523}{990}$$

（問５）　下の図のx°の大きさを求めよ。

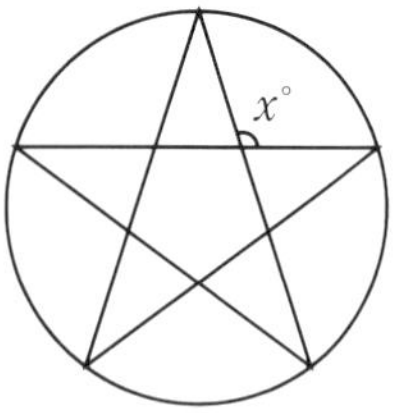

（解）

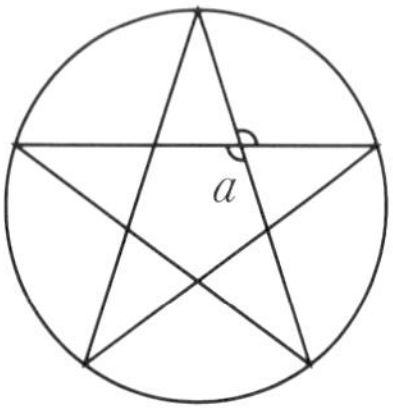

正五角形の１角と等しいので

$$\frac{2\angle R\times(5-2)}{5}$$

$$=\frac{6}{5}\angle R$$

つまり108°

（注）問題は中国のパズル書『奇妙的九』より

本書の〝遺題継承〟

（解答は，次巻の世界数学遺産ミステリー⑤『神が創った〝数学〞ミステリー』に掲載する。）

（問１）　次の合同式を解け（解は整数値）。

① $x-3\equiv 2\ (\mathrm{mod}\ 4)$　　② $4x+1\equiv(\mathrm{mod}\ 2)$

③ $x^2-1\equiv 3\ (\mathrm{mod}\ 4)$　　④ $2x^2+3\equiv(\mathrm{mod}\ 5)$

（問２）　下のアルファベット（ゴチック体）を，トポロジーの視点で分類せよ。

A　B　C　D　E　F　G

H　I　J　K　L　M　N

O　P　Q　R　S　T　U

V　W　X　Y　Z

（問３）　商店街の大売出しで，500円につき１枚ずつ福引券がもらえる。

これには右のような賞金がついている。

福引券がいらない者は500円について25円割引いてくれる。

福引券をもらうのと，どちらが有利か。

等	賞金	本数
1等	5000円	1本
2等	500円	9本
3等	100円	90本
4等	10円	900本